独ソ戦車戦シリーズ
12

東部戦線の独ソ戦車戦エース 1941-1945年

WW2戦車最先進国のプロパガンダと真実

著者
マクシム・コロミーエツ
Максим КОЛОМИЕЦ

翻訳
小松徳仁
Norihito KOMATSU

ТАНКОВЫЕ
АСЫ СССР
И ГЕРМАНИИ
1941 - 1945 гг.

大日本絵画
dainipponkaiga

目次 contents

3 ■第1部
ドイツ国防軍のエースたち
ЧАСТЬ 1──АСЫ ВЕРМАХТА

ミヒャエル・ヴィットマン 5　　ティーガー・エースたち 11
オットー・カリウスと第502重戦車大隊 13
第509重戦車大隊とその他の重戦車エースたち 18　　ティーガー対ロシア戦車 20
新型重戦車『ヨシフ・スターリン』と最も危険な敵T-34 22　　パンター対ロシア戦車 30
IV号戦車、突撃砲、駆逐戦車のエース 32　　戦果の信憑性 38　　ドイツ側の主張 42
食い違う独ソ双方の証言 49　　あり得ない戦果 56
戦車運用と戦術──ドイツ軍戦車兵の優位 61　　両軍戦車の生残性と乗員 64
生存の"カギ" 69

71 ■第2部
ソ連軍のエースたち
ЧАСТЬ 2──АСЫ КРАСНОЙ АРМИИ

無名のプロフェッショナルたち──戦車とは集団で扱う兵器である 72
大祖国戦争のトップエース──ドミートリー・ラヴリネンコ 76　　疑われた戦果 89
KV重戦車のエース 91　　戦車エースの記録／大祖国戦争初期のエース──1941年6月～ 94
装甲車による戦果 96　　激闘、T-34 96　　1942年の戦い 105　　スターリングラード 107
1943年の戦い──ヴェリーキエ・ルーキ 112　　レニングラード攻防戦 112
ソ連戦車兵の証言──クルスクの"ティーガー" 114
ドイツ重戦車との戦い──1943年秋～1944年夏 127　　虎の王を狩るハンター 140
1944年8月～12月 145　　1945年──最後の大攻勢開始 148　　体当たり攻撃 153
自走砲クルーの戦果 155

81 ■塗装とマーキング

原書スタッフ

発行所／有限会社ストラテーギヤKM
　　　　ロシア連邦　125015　モスクワ市　ノヴォドミートロフスカヤ通り5-A　16階　1601号室
　　　　電話：7-095-787-3610　E-mail：magazine@front.ru　Webサイト：www.front2000.ru
発行者／マクシム・コロミーエツ　　　　　　美術編集／エヴゲーニー・リトヴィーノフ
プロジェクトチーフ／ニーナ・ソボリコーヴァ　　校正／ライーサ・コロミーエツ
カラーイラスト／ヴィクトル・マリギーノフ、アンドレイ・アクショーノフ

■訳者及び日本語版編集部注は [　] 内に記した。

1

1：戦車戦で破壊されたT-34戦車。スターリングラード・トラクター工場製、1942年夏。

「サーニャは双眼鏡を眼にあてたまま、しばらく離すことができなかった。燻された車体のほかに、彼は雪の上に3つの汚い染みを見つけた。鉄帽に似た砲塔、雪の中から突き出た砲尾環、さらに……彼は長いこと黒い物体に目を凝らしていた。そしてやっと、それが転輪であるのが分かった。

『3つに引きちぎれてるな』──彼は言った。

『12両が、まるで牛に舐め散らかされたようです。これはフェルディナントたちが撃ちまくったんですよ』──ビャンキン上等兵が断言した。

『なんで停まった?』──シチェルバークは戦車から這い出しながら訊いた。

『戦車が燃えているんです』

『どっちのだ?』

『わが軍のです』

シチェルバークは双眼鏡を取って覗いた。

『近くまでおびき寄せて、そして至近距離からやったんだ……』

シチェルバークに意見はしなかった。今更何の意味があろうか。ドイツ軍はすぐにこれだけの戦車をやっつけるというのに」

ヴィクトル・クーロチキン『戦場では戦場でのように』より

2

第1部
ドイツ国防軍のエースたち
ЧАСТЬ 1──АСЫ ВЕРМАХТА

"エース"という言葉を聞いて多くの人の瞼に浮かび上がるのは、恐れを知らぬパイロット──航空戦のヒーローたちのようである。ところが、エースは大空だけでなく、地上にもいたのだ。彼らの一部は戦車兵であった。

■ミヒャエル・ヴィットマン

西側でナンバー1の戦車兵とされているのがミヒャエル・ヴィットマンだ。SS高級中隊指揮官（SS大尉）のヴィットマンはその軍歴において138両の戦車と132門の火砲を破壊した。

彼の戦果の大半は東部戦線で挙げたものである。対ソ戦開始時にⅢ号突撃砲の車長であった彼は、多くの戦いに参加した。1941年夏のある戦闘では、当時下級小隊指揮官（SS軍曹）であったヴィットマンが指揮する突撃砲は、8両のソ連戦車の攻撃を撃退し、そのうちの6両を部分撃破した。

ヘルソン攻防戦においてはヴィットマンの突撃砲はソ連軍の舟艇と潜水艦各1隻の撃沈に加わった。舟艇は、目撃者たちの証言によると確かに沈没したが、潜水艦については誰も目にしなかった。この都市を巡るその後の戦闘の中でヴィットマンはソ連戦車を10両撃滅した。しかし、彼の突撃砲も撃破され、自身も顔と背中に傷を負った。

1941年の末までにヴィットマンが撃破した戦車は25両、火砲は32門を数え、彼も三度にわたって負傷し、鉄十字章の二級と一級、戦車突撃章を受章し、上級小隊指揮官（SS曹長）に進級した［予備士官候補をへて1942年12月21日に下級中隊指揮官（SS少尉）となる］。

だが、ヴィットマンが栄光に輝くのは、重戦車ティーガーを指揮するようになっていたクルスク戦においてである。1943年7月5日、ヴィットマンのティーガーはソ連軍の戦車8両と火砲7門を破壊し、7月7～8日には自らの戦果記録にさらに5両の戦車と2両の自走砲を加えた。プローホロフカ郊外の戦車戦では、1943年7月12日に自分のティーガーの砲撃によって、ソ連第5親衛戦車軍第18戦車軍団第170戦車旅団所属のT-34中戦車8両を全焼させた。

クルスク戦の全期間にわたってSS『ライプシュタンダルテ・アドルフ・ヒットラー』師団で行動したヴィットマンと彼の戦車乗員は

2：戦闘の合間のミヒャエル・ヴィットマン（戦車の手前、騎士十字章を佩用）率いるティーガー戦車『S04』の乗員たち（後方左から無線手ヴェルナー・イルガングSS戦車一等兵、装填手ゼップ・レッシュナーSS戦車二等兵、砲手バルタザール・ヴォルSS伍長、操縦手オイゲーン・シュミットSS上等兵）。ヴォルの襟元からも騎士十字章がのぞいている。砲身に見える数字10の後に1本ずつ白色の太い帯と8本の細い帯は、ソ連戦車を88両撃破したことを示している。ベルギーチェフ地区、1944年1月。ヴィットマンの受章を記念して従軍記者ヨアヒム・フェルナウが撮影。（ロシア国立映画写真資料館所蔵、以下RGAKFD）

ソ連軍の戦車30両と火砲28門を破壊した。

1943年11月13日、右岸ウクライナ［ウクライナのドニエプル河右岸（西側）地方——具体的にはキエフ、ジトーミル、ドニエプロペトロフスク各州を一まとめにした呼び方で、1667年から1793年まではポーランド領だった］での戦闘でヴィットマンのティーガーはT-34戦車10両と火砲22門を部分破壊し、1944年1月3日のベルデーチェフ郊外の戦いではさらに16両の戦車を破壊した。とりわけ戦果が著しかったのは1944年1月9日の戦闘で、ヴィットマンとクルーは戦車22両の機能を奪った（別のデータによると、戦車19両と自走砲3両）。1944年1月13日現在、彼の撃破記録はソ連軍の戦車及び自走砲88両を数え、翌日に騎士十字章を叙勲された。ヴィットマン曰く、自分のティーガーの戦闘能力をより効果的に活かすためにこれを自走砲のように使用した。つまり、彼はティーガーの車体全体を敵戦車群に正対させ、厚さ100mmの装甲を持つ車体前面をあえて敵の射撃にさらしたのである。ヴィットマンは多くの戦果を配下の砲手、バルタザール・ヴォル分隊指揮官（SS伍長）——後に上級小隊指揮官（SS曹長）——に負っている。ヴォルもまた、1944年1月16日に騎士十字章を受章した。同年1月20日、ヴィットマンは上級中隊指揮官（SS中尉）に推薦され、翌2月2日にはアドルフ・ヒットラー自らヴィットマンに樫葉章を授けた。

戦時中にあってナチスのイデオローグたちはヴィットマンの功績を称讃することを忘れなかった。1944年春のある戦闘作戦の際にヴィットマンの戦車クルーに従軍記者が加えられ、記者はティーガー戦車乗員たちの功績について熱狂的な記事を書いた——
「……おさえ切れぬ激情の中で我々は良く防御された都市を占領すべく、烈火の竜巻となって飛び出し、——記者の熱筆は以下に続く——戦車と砲を破壊していった。我々は進路右側のロシア軍の機関銃の巣を速やかに沈黙させた。突然左側の干草の山の中から鋼鉄の怪物が這い出してきた。それはソ連戦車『ヨシフ・スターリン』であった。ヴィットマンは命じた——『砲を左へ！　徹甲弾、撃て！』。目標は破壊された」

1944年の4月、その時点で117両のソ連戦車を破壊していたヴィットマンは、SS中尉に進級して東部戦線を後にした。ドイツ側のプロパガンダを信じれば、このときまでの彼のティーガーは一日当たりほとんど15両ずつものソ連戦車を破壊していたことになる。

しかしヴィットマンの名声を最も高めたのは1944年6〜8月のノルマンディでの活動、とりわけヴィレル=ボカージュ付近でのイギリス第7機甲師団先鋒隊との戦いであった。1944年6月13日、この町の傍でSS第101重戦車大隊（1944年春、SS『ライプシュタンダルテ・アドルフ・ヒットラー』師団第1戦車連隊第13中隊を基幹

として編成)のヴィットマン率いるティーガー中隊(ティーガー戦車4両、Ⅳ号戦車1両)は、イギリス軍の第22機甲旅団と第1歩兵旅団の縦隊を壊滅させた。イギリス軍縦隊の壊滅に特別な貢献を果たしたのは、もちろんヴィットマンである。戦闘の初っ端に彼の戦車は待ち伏せ場所からシャーマン・ファイアフライを2両破壊した。それらの戦車砲はティーガーの装甲にとって実際の脅威となっていたからだ。その後は町の街路に並ぶ戦車と自動車を至近距離から掃射しだした。この戦闘の過程でヴィットマンの戦車は、目抜き通りへの接近を阻んでいたクロムウェル戦車に襲いかかり、その道路でさらに3両の第22機甲旅団戦車連隊本部小隊所属の戦車をすれちがいざまに撃破した(同本部小隊の4両目の操縦手は車両を庭園内に後ずさりさせて救うことに成功した)。この後ティーガーはイギリ

3:ヴィレル=ボカージュ付近の戦闘でヴィットマン中隊のティーガーによって撃破されたイギリス巡航戦車クロムウェルを検分しているドイツ兵。1944年6月。(著者所蔵)

ス軍の装軌式軽装甲兵員輸送車に次々と体当たりして押し潰し始めた——60トンのマシンは『ブレン』や『ユニヴァーサル』をやすやすと下敷きにしていった。1両のファイアフライがヴィットマンの搭乗車の横腹に回りこんで撃破しそうになった。しかし、ティーガーは命中弾を食らったにもかかわらず、応射によって横の建物の瓦礫でファイアフライを埋め尽くした。イギリス軍の戦車兵たちが搭乗車を瓦礫の下から引き出しているうちに、ヴィットマンの戦車はまんまと逃げ去った。そして町中を通過する途中でもう1両のクロムウェル戦車（別の資料ではシャーマン戦車）を撃破したが、その後、対戦車砲火によって乗車が擱座。ヴィットマンたちはここでティーガーを放棄し、徒歩で「戦車教導」師団司令部に到着した。ヴィレル=ボカージュ攻防戦でヴィットマンの戦車クルーが破壊したのは、全部で戦車9両と半装軌式装甲兵員輸送車13両、装軌式軽装甲兵員輸送車16両に上った。

　同じ日、重戦車中隊の他のティーガーが、英軍将校が会議のために集合していたヴィレル=ボカージュ近郊の213高地に対する歩甲攻撃に参加し、この戦闘でさらに18両の戦車と14両の装甲兵員輸送車を破壊した。日中に、SS第2戦車師団の接近してきた部隊群とともに、ヴィットマン中隊は改めてヴィレル=ボカージュへの突撃を敢行した。しかし今度はイギリス軍も迎撃の準備をしており、ヴィットマンの車両とさらに彼の中隊のティーガー3両を部分撃破することに成功した（ヴィットマンがこの午後の出撃に参加しなかっ

4：撃破されヴィレル=ボカージュの街路に遺棄された、ヴィットマン中隊のもう1両のティーガー。1944年6月。（著者所蔵）

5：第二次世界大戦随一の戦車長、ミハャエル・ヴィットマンSS中尉。この写真は
1944年6月のヴィレル＝ボカージュでの戦いの後、ゼップ・ディートリヒ
SS第Ⅰ戦車軍団司令官のもとへ報告に訪れたときに撮影されたものである。（著者所蔵）

たとする見方もある）。とはいえ、多くの点でこの中隊のティーガーたちのおかげで、英軍第22機甲旅団に多大な損害を与えただけでなく、この戦区での連合国軍部隊の進撃を停止させることができたのであった。ドイツ側の資料によると、ヴィレル＝ボカージュ攻防戦でヴィットマン中隊が破壊した兵器は全部で戦車27両、各種装甲輸送車30両を数えた。

しかし、ヴィットマンとその中隊がヴィレル＝ボカージュでの戦いでいったい何両の英軍装甲兵器を破壊したのかについては、一致した見方がないのである。イギリス軍は全部で戦車20両とその他装甲兵器を28両失ったとする文献がある一方、ヴィットマンの搭乗車クルーが破壊したのはわずか4両のクロムウェルで、他はすべて彼の中隊のティーガーたちが撃破したと主張する文献もある。

ヴィレル＝ボカージュ攻防戦の後、ヴィットマンは新車のティーガーを受領し、6月22日付で騎士十字章に付ける剣章を受章。同月25日にはヒトラーの山荘"ベルクホーフ"で親授式に臨んだ。こうしてヴィットマンは、第三帝国で剣章受章の栄誉に輝いた71番目の軍人となった。

高級中隊指揮官（SS大尉）の階級を授かり、前線に復帰したこのドイツ戦車エースは1944年8月8日、サンテニャン近郊のカーン～ファレーズ街道沿いで、カナダ第4機甲師団とポーランド第1機甲師団のシャーマン戦車を相手にした戦闘で戦死した。1,800mの距離から2両のシャーマンを炎上させ、その後は敵の攻撃隊形を四分五裂させるために前方に突進したヴィットマンのティーガーは、さらに1両のシャーマンを撃破したところで、5発の直撃弾を受けてしまった。弾薬が誘爆し、ティーガーの乗員たちは全員、ヴィットマンも含めて戦死した。こうして、最も著名な戦車エースのみならず、ヴィットマンと一緒に一年半にわたってロシアとフランスで戦ってきた戦車クルーの戦歴に終止符が打たれた。この戦闘における連合国軍の損害もまた相当に大きかった。ポーランド第1機甲師団第2戦車連隊などは、36両の保有車両のうち32両を失った。ヴィットマンの遺体は1980年代に現地のドイツ兵共同墓地で発見され、ノルマンディ地方ラ・カンブのドイツ軍戦没者墓地に埋葬された。

だがいまだに、いったい誰がかの有名なドイツ軍エースの戦車を撃破したのかについて、正確な資料はないのである。ポーランドの複数の資料は、ヴィットマンのティーガーを撃破したのはポーランド第1機甲師団第2戦車連隊第2中隊のシャーマン戦車だと主張する。しかし、後になってこの説は支持を得られなくなった。というのも、当時の第1機甲師団にあったのは75㎜砲搭載のシャーマンM4A4のみであり、それらにティーガーの装甲を貫通する力はなか

6：戦闘の後、連合軍の爆撃でがれきの町と化したヴィレル=ボカージュ、1944年6月。イギリス兵がミヒャエル・ヴィットマン中隊のティーガーの傍を通り過ぎる。（著者所蔵）

った。ヴィットマンの戦車を破壊できたのは強力な76mm砲で武装したシャーマン・ファイアフライだけであり、まさにこの戦車を配備していたのがカナダ第4機甲師団であった。これ以外にも、ヴィットマンのティーガーは連合国軍のヤーボが上空から攻撃して破壊したのだとする、かなり説得力のある説も存在する。

■ティーガー・エースたち

現在に至るまで、戦車エースをテーマにした西側の文献の大半がヴィットマンをナンバーワンの戦車兵と見なしている。ところが彼には最近になって、第二次世界大戦で最も戦果の多い戦車マンの名望を要求する手ごわい"ライバル"が登場している——彼らのうち何人かはヴィットマンより多くの戦車を破壊したとするデータがあるのだ。いったい彼らは誰なのか？

第503重戦車大隊のティーガー戦車車長のクニスペル軍曹は乗員

たちとともに162両の戦車を撃破し、第502重戦車大隊のオットー・カリウス少尉のティーガーは150両（別の資料では170両）を、またやはりティーガーに乗って戦った同じく第502重戦車大隊のベルター中尉は144両を撃破した。このようにみると、ミヒャエル・ヴィットマンは戦果の多さではドイツ軍の戦車隊員たちの間では4位を占めるということになる。ちなみに、いくつかの資料は彼の記録に138両ではなく120両の戦果を記しているが、他に147両の勝利を記録する資料もある。

このほかドイツ側のデータによると、ドイツ国防軍と武装SSのティーガー重戦車大隊の中で50両以上を自己の戦果として記録した者は20名に上った。その中で最も多くの戦果を誇ったのは次に挙げるとおりである——ロンドルフ上級士官候補生とハルトナー軍曹（第503大隊）——それぞれ106両と101両、ベロッホ伍長（第509大隊）——103両、ケルシャー軍曹（第502大隊）——100両、ヴェンドルフSS上級中隊指揮官（『ライプシュタンダルテ・アドルフ・ヒットラー』師団）——95両（内58両がソ連戦車）、ヴィリ・フェイSS下級小隊指揮官（SS第102大隊）——88両、リッケ曹長（第509大隊）——76両、クナウト中尉とボック大尉（第505大隊と『グロース・ドイッチュラント』師団）——各68両、ヴァイネルト少尉（第503大隊）——59両、ブラントSS上級小隊指揮官（『ライプシュタンダルテ・アドルフ・ヒットラー』師団）——57両。

ケーニヒスティーガーに乗って戦った戦車エースの中では最も戦果の多かった次の3名が知られている——パウル・エッガーSS上

7：大破したミヒャエル・ヴィットマンのティーガー、車両番号007。ファレーズ地区、1944年8月。栄光のエースと乗員たちはこの戦車に搭乗し、戦死した。（著者所蔵）

8：攻撃を間近に控えた第502重戦車大隊、オットー・カリウス中尉のティーガー、車両番号213。1943年夏。（著者所蔵）

級小隊指揮官（SS第102重戦車大隊）——113両、カール・ケルナーSS上級中隊指揮官（SS第103大隊）——100両、カール・ブロンマンSS下級中隊指揮官（SS第103大隊）——戦車および自走砲66両、火砲44門、自動車15台。

■オットー・カリウスと第502重戦車大隊

　ここで指摘しておかねばならないと思うのは、第二次世界大戦時のティーガー戦車の戦闘運用に関する文書資料や様々な書籍には、ティーガーがいとも簡単に数十両単位の敵戦車を破壊するエピソードがちりばめられているということだ。例えば、第502重戦車大隊の戦闘活動を概観してみよう。

　1943年1月12日、第502重戦車大隊は第96歩兵師団の援助に向かうよう命じられた。同師団の陣地は20両以上のT-34戦車に攻められていたからだ。ブライアン・ペレットはその著書『戦車"ティーガー"』の中で事の展開を次のように描写している——

　「危機的な状況が生まれ、ボド・フォン・ヘルトシェル中尉を長とするティーガー4両は歩兵の救援に急いだ。苛烈な戦いの中で

9

9：演習中のティーガーI重戦車。SS『ダス・ライヒ』師団所属、1943年春。（ストラテーギヤKM社所蔵、以下ASKM）

12両のT-34が撃破され、残りは向きを変え秩序を乱して撤退した。このようなことは以前にはまったくなかったことだ」

　1943年2月11日、第502大隊の戦車隊員たちは32両のソ連戦車を破壊し、その中にはKV重戦車が10両含まれていた。1943年2月17日にマイヤー少尉はティーガーに乗ってKV-1戦車を10両撃破した。ツヴェッティ軍曹は1943年7月24、25日の2日間の戦闘で13両のT-34戦車を葬った。1943年11月4日、オットー・カリウス少尉は待ち伏せ陣地からT-34戦車10両を撃破し、その2日後にはさらに3両のT-34を倒した。この戦闘は、オットー・カリウス自身によって『泥沼のティーガー』*のなかでこう描かれている——

　「……縦隊の先頭を進んでいたロシア戦車は我々からもう60mもないところにいた。ちょうどそのとき、クラウスは"彼らに一服させようと"、砲塔と車体の間に砲弾を命中させた。戦車は路肩にずり落ちて燃えだした。乗員たちは生存の様子を見せなかった。ロシア軍の歩兵は道路に隣接する場所に散らばった。

　クラウスは残りの敵戦車に取り組みだした。それらは混乱して互いに衝突しあい、向きを変えて、我々に打撃を加えるようなことはまったく思いもしなかった。12両のT-34戦車のうち2両だけが我々の射撃を免れることができたに過ぎない」

　1944年1月25日、ヴォイスコーヴィツァ村地区でのある戦闘でシュトラウス少尉は13両、ヤセル軍曹は3両、そしてミューラー軍曹は25両（！）ものソ連戦車を破壊した。

　1944年3月17日、カリウス少尉とケルシャー軍曹の2両のティ

【*】邦訳は大日本絵画から刊行（上・下2冊）——オットー・カリウス著／菊池 晟訳『ティーガー戦車隊・第502重戦車大隊オットーカリウス回顧録』。なお、本書での引用部分はロシア語から重訳したものである。

10：騎士十字章を佩用したオットー・カリウス中尉（中央）がティーガーの乗員たちに任務を与えている。彼には150両の敵戦車撃破が記録されていた。デューナブルク南方、1944年。（著者所蔵）

ーガーは一回の戦闘で待ち伏せ陣地から13両のT-34、1両のKV-1、そして5門の火砲を撃滅した。1944年4月7日にはベルター少尉とゲーリンク曹長の2両のティーガーがヴォードリノ村地区にそれぞれ15両と7両のソ連戦車を葬った。このときベルターの戦果は89両に達し、彼は騎士十字章を授けられた。

　1944年7月22日、カリウス少尉、ケルシャー軍曹、ニンシュテット少尉のティーガーたちはクリヴァーニ（グリーヴィ）市から程遠くないマリーノヴォ村を攻撃した際、17両（?!）のIS-2重戦車と5両のT-34中戦車を撃破している。1944年7月25日にはアイホルン少尉が率いる4両のティーガーがアウスグリャニ集落付近の戦闘で、距離300mからT-34/85とIS-2を16両（別のデータでは合わせて18両）部分撃破した。

　1945年1月25日、カドグネフネン町地区の戦闘でカルパネト軍曹のティーガーが15両のT-34/85と2両のIS-2を部分撃破した。1945年4月13日、2両のティーガーからなる戦闘グループはケルシャー軍曹の指揮の下、ノルガウの集落付近で20両のソ連戦車を撃破した。正午にケルシャーは自分のティーガーでさらに15両（別のデータでは10両）の戦車を撃ち倒した。1945年4月26日、ケストラー軍曹のティーガーは9両のソ連戦車を撃破し、翌日にはフリッシュ＝ネールング町の近くでT-34とIS-2各2両、KV-1とM4シャーマン各1両を撃破した。1945年4月19日、第502重戦車大隊は解散される。ドイツ側の資料によると、この時点で同大隊の戦果として記録されたソ連軍戦車の破壊は1,400両以上、火砲は2,000門以上

11：戦闘前に戦車砲の砲身を掃除するSS『ライプシュタンダルテ・アドルフ・ヒットラー』師団のティーガー戦車乗員たち。クルスク戦線、1943年6月。（RGAKFD）

12：SS第102重戦車大隊所属のヴィリ・フェイ下級小隊指揮官は敵戦車を88両撃破した。1944年。（著者所蔵）

を数えた！ しかも、1942年11月から1945年4月までの大隊の損害は"わずかに"通常のティーガー105両とケーニヒスティーガー8両に過ぎなかった。

■第509重戦車大隊とその他の重戦車エースたち

次に、第509重戦車大隊の戦闘活動の中からいくつかの事実をここに紹介しよう。1943年12月29日、リツケ曹長はティーガーの砲火によって30分の間に10両のT-34を撃破した。1945年1月27日、ブルマイスター少佐とノイハウス曹長とバウアー軍曹の3両のティーガーは30両のソ連戦車を撃破した。1945年1月18日から2月8日にかけて同大隊の戦車隊員たちは10両のティーガーを失いつつも、全部でソ連軍の戦車及び自走砲を203両、火砲を145門撃破した。第509大隊の終戦時の戦果は合計して戦車500両以上の撃破となり、他方損害は通常型ティーガー70両とケーニヒスティーガー50両であった。

さて今度は、戦場において単独で成功を収めたドイツ軍の戦車隊員たちについて若干触れてみたい。1943年7月8日、クルスク戦線において『ライプシュタンダルテ・アドルフ・ヒットラー』師団所属のフランツ・シュタウデッガーSS下級中隊指揮官のティーガーは集落テテレーヴィノ付近の戦闘でソ連軍の攻撃を撃退する中で22両の戦車を撃破し、この一日だけでティーガー中隊の戦車兵たちは全部で42両のT-34とM3『リー将軍』戦車を撃滅した。1943

13

13：戦闘前のティーガーに砲弾を搭載している場面。クルスク戦線、『ライプシュタンダルテ・アドルフ・ヒットラー』師団、1943年夏。（ASKM）

14：SS『トーテンコプフ』師団の偽装されたティーガー戦車。ベールゴロド地区、1943年夏。戦車砲の砲身には、撃破したソ連戦車の数と等しい6つの白い環が見える。（ASKM）

年7月10日のルジャヴェーツ地区では第503重戦車大隊のフェンデサック曹長のティーガーが一日で16両のT-34戦車を撃破した。1943年8月8日、SS『ダス・ライヒ』師団のテンスフェルトSS上級中隊指揮官の戦車クルーは集落ヤシノヴァータヤ付近で17両のT-34の攻撃を撥ね返し、その際10両の戦車を撃破した。『グロース・ドイッチュラント』師団所属のランペル軍曹は1943年10月18日、約40両のソ連戦車による攻撃に応戦して、乗っていたティーガーの射撃によって17両のT-34戦車を撃破した。ただし、この戦闘の後ランペルの車両は大修理に送り出さねばならなくなった。第505戦車大隊のシュトルツ少尉は集落トポーリノを巡る攻防戦で1944年の2月3日から同10日にかけて46両ものT-34戦車の撃破に成功した。

1944年2月24日、イタリアの都市アンツィオを巡る戦いでは第508戦車大隊の小隊長ジント少尉が自分のティーガーで連合軍の戦車を11両、ハンメルシュミット上級伍長は6両撃破した。

1944年6月24日、SS第101重戦車大隊のバニケSS下級中隊指揮官のティーガーは1回の戦闘でイギリス戦車7両を撃破し、同年6月

28日には同じ大隊のメビウスSS高級中隊指揮官（SS大尉）が連合国軍の戦闘車両6両を不能にした。

1944年7月22日、第504大隊のリューリンク一等兵は自分が乗るティーガーの射撃で、12両の米軍シャーマン戦車を全焼させた。このとき、残りの11両の戦車クルーたちはパニック状態で搭乗車を乗り捨て、戦場から逃走した……。

1944年8月8日、ヴィル・フェイSS下級中隊指揮官（SS第102戦車大隊）は15両からなるイギリス戦車の縦隊を掃射撃破し、その日の夕刻には最後の2発の砲弾でもってイギリス戦車をもう1両全焼させた。1944年8月9日のファレーズを巡る攻防戦では同じ大隊のローリツSS中隊指揮官が5両のシャーマン戦車と装甲兵員輸送車1両を破壊した。ノルマンディの戦いでSS第102戦車大隊は保有するティーガーをすべて失ったが、一カ月半の戦闘で全部で227両の連合国軍戦車を殲滅した。

ドイツ軍の重戦車大隊の戦歴には、敵戦車に対する勝利が数多く記録されている。そのうちのいくつかだけここに挙げておこう。

第503大隊の16両のティーガーと3両のⅢ号戦車は、1943年1月6日の戦闘で18両のソ連戦車を破壊し、そのうちの14両はドイツ軍の識別によるとT-34中戦車であった。3月15日には同じ大隊のあるティーガーが戦車遭遇戦において、距離2,500〜3,000mから18発の砲撃によってT-34戦車を5両全焼させた。

『グロース・ドイッチュラント』師団所属の重戦車中隊の戦闘日誌には、1943年3月7〜19日のハリコフ近郊の戦いに関してこう書かれている——

「2両のティーガーが偵察の際にロシア戦車の大きな一隊（前方に20両、さらに数両が後続）に遭遇した。戦闘は尋常ならざる成功に終わった。両方のティーガーとも距離500〜1,000mからそれぞれ10発以上の命中弾を浴びた。ところが装甲板は耐え抜いた。1発の砲弾も装甲板を貫くことはできなかった。数発の砲弾がサスペンションに当たったが、ティーガーは足を失わなかった。ティーガーの装甲を砲弾がノックしている間、クルーたちは冷静に射撃を行った。塗装が装甲から飛び剥がれ、その薄片が換気装置によって戦闘室に入り込んできていた。15分間の戦闘で2両のティーガーは敵戦車10両を全焼させた……」

■ティーガー対ロシア戦車

ドイツ国防軍機甲部隊の戦歴を物語る外国の文献には、第二次世界大戦の様々な戦場におけるドイツ戦車隊員たちの数多くの戦果に関する情報が十分紹介されている。

1951年10月、アメリカ合衆国陸軍省は『ロシア軍の攻撃撃退に

15：撃破したIS-2重戦車を検分するドイツ兵。1944年夏。車体装甲板に残る弾孔の大きさからして、IS（ヨシフ・スターリン）戦車はドイツ軍のティーガーの射撃によって撃破されたようだ。（ASKM）

当たってのドイツ軍の防御戦術』と題する小冊子第20-233号を発行した。その中では一例として、1943年3月のハリコフ郊外でティーガー型戦車を使用したケースが紹介されている。そこではとりわけ次のように述べられている──

「それはティーガー型戦車の戦闘運用の初期のケースの一つであった。成果は衝撃的なものであった。例えば、トーチカとして使用されたティーガーのペアはT-34の大規模な一隊を壊滅させることができた。通常ロシア軍の戦車は、ドイツ軍が1,200mの距離に近づくまで待ち伏せ場所に隠れていた。その後、この距離ではドイツ軍の砲が彼らに損害を与えることができないことを利用して、ロシア軍は射撃を開始する。しかし今回は従来有効であった戦術が期待に応えなかった。ティーガーたちは開けた場所に出る代わりに、家屋の間に陣取り、短時間に16両のT-34を不能にした。それからドイツ戦車は、撤退する敵を追いかけ、さらに18両を撃破した。88㎜

砲は、砲塔に砲弾が命中した場合はそれを砲塔のリングから外して、数メートル先に吹き飛ばした。ドイツ兵たちはその出来事をこうコメントしている――『T-34はティーガーに出会って脱帽する』。新型戦車はドイツ兵たちの士気を非常に昂揚させた。同じようなエピソードはソ連軍の戦車兵たちの回想にも見出すことができる。第二次世界大戦当時第3親衛コチェーリニコヴォ戦車軍団［スターリングラード郊外のコチェーリニコヴォ村地区での軍功を記念した部隊名］を指揮していたI・A・ヴォフチェンコ戦車軍少将は、1943年夏のある対ティーガー戦についてこう語る――

「私の命令を携えて装甲車で第19［戦車］旅団に向かったクリーモフ少佐は、戻ってきてから、その間にトマーロフカの入り口の丘に11両のドイツのティーガーたちが迫ってきたことを報告した。それらは観測所からはまだ見えない。しかしこの知らせは心中に警戒感を抱かせた。マールィシェフ大佐は双眼鏡から目を離さず、静かに言った――

『這い出してきやがった！　あの形、ばかに長い砲身を見て下さい』。

　そう。それが"ティーガー"だったのだ。我々が戦闘の推移を見守っている間、丘に立ち止まった11匹の"ティーガー"に、わが戦車が接近していった。彼我の距離は約2,000mだ。"34式"はこの距離ではもちろん射撃はしない。突然ドイツの重戦車が一斉にパンチを放ち、……3両のわが戦車が燃え上がった。さらに2回のドイツ戦車の斉射があって、新たに8両のわが戦車から煙がのぼった。『いったいどうなってるんだ？――マールィシェフ大佐は叫んだ。――奴らの砲の射程はどれだけあるんだ？』

　私はすぐに無線でグメニュークとエゴーロフの両大佐に鉄道の道床を越えて後退するよう命じた。

　マールィシェフの方に目を遣ると、彼は私を見ていた……

『我々は、ミハイル・イヴァーノヴィチ殿［マールィシェフ大佐の名］、大変なことになったぞ。1分間にこんなにもやられてしまった！』

　戦車軍団の新任指揮官にとっては幸先が悪かった。これと似たような事態を私は1941年の7月にも体験している。当時私の独立偵察大隊にはまだ2,000名以上の他部隊からの戦士たちがいたが、行軍の勢いに乗ってヴェリーキエ・ルーキを奪取できなかったことがあった」

■新型重戦車『ヨシフ・スターリン』と最も危険な敵T-34

　ドイツ軍の戦車兵たちは多数のT-34のみならず、もっと強力なIS重戦車をも信じられぬほどあっさりと片付けていた。東部戦線にこ

16：第505重戦車大隊のクナウト中尉は敵戦車68両の戦果を記録した。（著者所蔵）

れらの戦車が登場すると、このタイプのソ連重戦車を破壊することがドイツ将兵の間である種流行のようになった。ドイツ軍の中ではIS戦車の破壊は最高の戦闘技巧と見なされていたのだ。

ここにいくつか、ドイツ軍の戦車隊員たちがソ連の重戦車『ヨシフ・スターリン』に勝利した戦闘のエピソードを紹介しよう。

1944年7月21日、第506戦車大隊のあるティーガーがIS戦車を3.9kmの距離から撃破した。が、それもまだ限界ではなかった。第17軍第Ⅷ軍団の編制下で戦っていたナースホルン駆逐戦車のあるクルーはメルツドルフの集落付近での戦闘でIS-2戦車を4.5kmの距離から破壊した。1944年10月17日には第505戦車大隊の戦車隊員たちが東プロイセンで17両のIS-2戦車を殲滅した。

ソ連軍の新型重戦車を駆逐することにもオットー・カリウスは秀でていた。1944年7月22日に行われたIS戦車との戦闘について彼はこう語っている──

「我々の方向から掩護を行っていた2両のロシア戦車は、最初はまったく反応しなかった。1発の射撃もなかった。私は村の中心を真っ直ぐ通過した。その後に起きたことを話し伝えるのは難しい。というのも、事態は突然、電光石火のごとくに展開したからだ。約150m離れて私の後に続いていたケルシャーは村に近づくと、両方のロシア戦車の砲塔が動いているのに気付いた。彼はすぐに停車し、どちらも撃破した。その瞬間に、私も村の反対側の端にいる敵の駆除を始めた。

ケルシャーは私に近寄ってきて、私が右に旋回するよう無線で連絡した。戦車『ヨシフ・スターリン』が側面を我々の方に向けて打穀場の傍に立っていたのだ。この車両を我々は戦線の北面でいまだかつて目にしたことがなかった。思わず身震いしたが、それは戦車が異常に長身の122㎜砲を装備していたからだ。

これは砲制退器を装着した最初のロシア戦車砲であった。さらに戦車『ヨシフ・スターリン』は輪郭が若干わが軍の『ケーニヒスティーガー』に似ていた。ケルシャー同様に私も走行部分だけがロシア戦車に典型的なものだということにすぐには気付かなかった。私が射撃すると、戦車は炎上した。この短いウォーミングアップの後で私は村の中の敵車両をすべて破壊した。事前の計画通りに。

後で私はケルシャーとともに笑ったものだ。なぜなら、私たちは一瞬の間、自分たちの目の前にいるのはロシア軍が鹵獲した『ケーニヒスティーガー』だと思ったからだ。

私は村に対する射撃を開始すると同時に、ニンシュテット少尉に高地をゆっくり通過させ、必要の際は敵主力の接近を警告するようにさせた。この措置は、作戦のその後の展開に有益なものとなった。

村の中であらゆる措置を施すには15分間もかからなかった。わ

17：ドニエプル河右岸地域の戦車戦で破壊されたT-34/76中戦車。ウクライナ共和国、1944年冬。（ASKM）

18：複数のパンター戦車に射撃されたT-34/76中戦車。1944年夏。集弾性の高さが注目される。ただし、すでに撃破された車両に対して射撃が行われたことも否定できないが。（RGAKFD）

ずかに2両のロシア戦車だけが東に逃げ去ろうと試みた。残りは1両も動くことのできる状態になかった……。

　……私は素早く状況を分析し、大隊に報告を送った。私には1基の無線機が装甲輸送車の中に与えられていた。自分の位置と戦闘作戦の結果を中波で指揮官に伝えた──撃破済み『ヨシフ・スターリン』戦車17両、T-34戦車5両」

　1944年9月にドイツ軍の公式刊行物である『戦車部隊時報』[原書の露語表記─"Заметки для танковых частей"─に基づく]に「ティーガー対スターリン」と題する記事が発表された。1945年の初頭にこの記事が手に入ったイギリスの諜報機関MI-10は次のような言葉で皮肉たっぷりの評価を下した──「恐らくこうしたやり方でドイツの指導部は自国の兵士たちを激励しようと望んだのであろう」。この記事にはこう書いてある──

　「ティーガーの一隊は戦闘でソ連のIS数両の機能を喪失させることに成功した。同隊は敵に反撃し、成果を拡大させるよう命じられた。1215時、同隊は歩兵大隊を支援する際に前方に進出。密林の中では視界が制限され（50m）、道路が狭隘なため、戦車隊は密集隊形で前進。ソ連歩兵はティーガーが現れるとすぐさま後退。ロシア軍がすでに突破地区に送り込んでいた対戦車砲は、砲火で撃破され、履帯に押し潰された。

　一隊が森の奥へ2,000m入り込んだところで、隊長が揺らめく枝のざわめきを耳にすると、目の前にはIS戦車の巨大な砲制退器が突き出ていた。戦車兵はすぐさま命令を発した──『照準を定め、徹甲弾装塡、……発射！』。しかしこのときソ連軍の45㎜砲弾が2発命中して、戦車の視察装置が完全に壊れた。そのうち、盲撃ちをしていた指揮戦車に2番目のティーガーが並んだ。2両目のドイツ戦車を発見したISは小高い丘の後背に撤退した。2番目のティーガーは指揮を執ることにし、ソ連戦車に向けて3回射撃した。ソ連戦車は応射を始め、ティーガーの車体の機銃手兼通信手の位置付近に122㎜砲弾を命中させた。ところがドイツ戦車の装甲は直撃に耐えきった。恐らくは、命中角度があまりに浅かったせいだろう。88㎜砲弾の命中はソ連戦車の砲を使えなくし、ISは後退を始めた。2番目のISは損傷した車両の後退を掩護しようとしたが、砲の防楯の下に命中弾を受けて炎上しだした。IS戦車の砲の連射速度は相当低いことが判明した……」

　記事ではその先、この戦闘に参加した戦車隊長のかなり奇妙な矛盾した結論が続く。それによると、あたかもIS戦車はティーガーの接近に気付くと戦闘もせずに後退し、ソ連の新型重戦車は2,000mを超える距離から射撃を開始した──しかもドイツ戦車が車体の側面を見せ始める場合に限られた──、とされている。そして、ソ連

19：行軍中の第2親衛戦車軍団第4親衛戦車旅団のT-34/85中戦車。第3白ロシア方面軍、1944年7月。（RGAKFD）

戦車の乗員たちは戦車が使えなくなるとすぐに車両を離れ、ロシア軍はいかなる代償を払ってでも撃破された車両を後方に回収または爆破しようとする、とのことである。また、ISの前面装甲板を貫通するのは至難の業で、長距離になるとそれは尚更であり、ティーガーがIS型の戦車との戦闘に入るのはドイツ側に小隊以上の重戦車が行動している場合に限るべきだ、等々ということになっている。

　ちなみに最後の点は、ソ連軍のIS-2を第二次世界大戦における最も優秀な戦車と見なしていたドイツのハッソ・フォン・マントイフェル戦車軍将軍も認めている。マントイフェルの見方によると、IS戦車には強力な兵装の122㎜砲と厚い装甲、車高の低いシルエット、速度がうまく組み合わされている。それは速度の点ではドイツの重戦車ティーガーを凌駕し、ドイツの最良の中戦車パンターにもほとんど引けを取らない。IS-2はいかなるドイツ戦車に比べても機動性が優れている。マントイフェルがこの点に確信を抱いたのは、1944年の5月初頭にルーマニアのヤッスィ郊外でソ連軍部隊の攻

19

勢を迎え撃つ防衛戦においてであった。
「双方から約500両の戦闘車両が加わった戦車戦は激しさを増した。これらの戦闘において私は初めてIS-2戦車に直面した。我々は衝撃を受けた。我らのティーガーがソ連戦車に対して2,000mの距離から射撃し、いくつか命中させたとしても、その88㎜砲弾は装甲板を貫通せず、そうするためには距離を半分に縮めねばならないのを知ったからだ。我々はロシア軍の技術上の優勢に対して俊敏性と機動と地勢の巧妙な利用とで対抗しなければならなかった」
　IS戦車について非常に敬意に満ちた評価は、オットー・カリウスやエルンスト・バルクマンといった戦車エースたちも行っていた。

　最も量産されたソ連のT-34戦車は、ドイツ軍の戦車兵たちの間でかなり手強い敵だと認識されていたようだ。オットー・カリウスなどはT-34を強力な戦車と評し、その優れた兵装と装甲と機動性を指摘している。他方、T-34の短所としては視界の悪さと無線装置の欠如を挙げている。「T-34は良い装甲を持ち、──著名なエースは書いている、──理想的な形状と豪華な……長い砲を備え、あらゆる者どもを戦慄させ、すべてのドイツ戦車が終戦に至るまでにこれに用心していた……。
　ロシアにおける我々の最も危険な敵は、76.2㎜砲と85㎜砲を装備したT-34とT-34/85であった。これらの戦車は、我々にとってはすでに正面は600m、側面は1,500m、背後は1,800mの距離から危険であった。もしこのような戦車に直面した場合、我らが88㎜砲でこれを破壊できるのは900mの距離からであった。1944年に出会った戦車『ヨシフ・スターリン』は、少なくとも『ティーガー』に匹敵するものである。それは形状の点でははるかに優れている（T-34も同様）。KV-1やKV-85やその他、あまり頻繁には見かけない敵の戦車と、より大きな口径の自走砲について詳細に立ち入ることはしない」
　次にもう一人のドイツ戦車エース、カール・ブロンマンが行ったティーガーとT-34、IS-2の比較を紹介しよう。
「私はクルスク戦線における戦車戦には参加が間に合わなかった。その頃ようやく戦車部隊に歩兵から移ったばかりだったからだ。ティーガーは信頼できる戦車であったが、それは正しく使用した場合に限ってのことであった。私はティーガーに乗って勤務することになった。ティーガーはそのエンジンにとっては重すぎて、十分な機動性を持たなかった。その鈍重さから戦車兵たちの間では大きな人気はなかった。機動的な戦車のより良い例となりうるのが、7.62cm口径のまずまずの砲で武装したロシアのT-34であろう……。
　IS戦車は我々の最も恐るべき敵であり、その機能を奪うのは非常

20：1943年7月10日にソ連戦車との戦闘で損傷した、SS『ダス・ライヒ』師団所属のティーガー、車両番号S24。（ASKM）

21：アルンスヴァルデ地区での戦闘について表彰されるSS第103重戦車大隊のケーニヒスティーガーの乗員たち。1945年3月。各戦車の砲身には、破壊した敵戦車と同数の白い帯が──手前の車両には16本、奥の戦車には30本──確認できる。（ASKM）

20

21

に難しかった。どの戦車にも、砲塔基部というアキレス腱がある。このポイントに命中するだけで、戦車が戦闘能力を失うに十分であった。ケーニヒスティーガーに乗って戦った私は、距離1,700mから初弾でIS戦車の機能を奪うことに成功した。それは幸運な一発だった！　戦闘にあっては運を無視してはならない。このチャンスのゆえに、私は通常のティーガーよりケーニヒスティーガーを好んだのである」

■パンター対ロシア戦車

　残念ながら、他の車種の戦闘車両で勤務したドイツの戦車エースについて知られていることははるかに少ない。パンターに乗って戦った最も戦果の多い戦車兵と考えられているエルンスト・バルクマンSS上級小隊指揮官には80両の戦車破壊記録があるとされる。右岸ウクライナでの戦闘で優れた活躍をしたパンター中隊長のシュトリッペル伍長は、1944年2月13日現在60両のソ連戦車、自走砲を撃破していた。『グロース・ドイッチュラント』師団所属のパンター戦車長のルドルフ・ラールセン伍長は66両のソ連戦車を撃破した記録を残し、そのうちの52両は東プロイセンで破壊したものである。

　ここにSS第1戦車師団戦車大隊の戦闘日誌から1944年5月23日付の記事を抜粋しよう。その中ではソ連戦車を相手にしたパンターの戦いぶりが描写されている──

　「敵の歩兵と戦車は1030時に進撃を開始した。ロシア軍の翼部に反撃をする決定が下された。攻撃方面は砲の襲撃を受けた。地勢で自分の位置を判断するのは、火薬の燃焼煙と煙幕弾のためにほとんど不可能であった。5両のパンターが機動走行しながら敵の翼部へ進入することに成功し、423号と431号のパンターは故障のために陣地に残った。翼部に対する脅威に気付いた敵は慌てて後退した。戦車突破の脅威は取り除かれた。戦闘ではパンター433号が失われた。戦車長は戦死し、砲手と装填手は負傷した。まもなくパンター423号の砲手が負傷した。

　敵の攻撃はすべて撃退された。全部で28両のロシア戦車が全焼した──9両は433号パンター、6両は422号パンター、各5両を414号と415号のパンター、3両は401号パンターの乗員たちがそれぞれ自分たちの記録とした。28両の戦車はすべて全焼した。さらに3両が部分撃破されたが全焼はせず、それらは戦果の総数には加えられなかった」

　第35戦車連隊の中で（パンターを含む）さまざまな戦車で戦ったヘルマン・ビークス曹長は、この戦車部隊の中で騎士十字章を受章した戦車隊員名簿の中で23番目に名前が出ている。東部戦線で

22：SS第2戦車師団『ダス・ライヒ』のフリッツ・ランハンケ上級士官候補生。彼のパンター戦車は、1944年7月14日にサン・ドニ市付近の戦闘でシャーマン戦車5両を全焼させた。（著者所蔵）

の戦闘活動において彼は75両のソ連戦車を撃破した。

1944年7月14日、SS第2戦車師団『ダス・ライヒ』のフリッツ・ランハンケSS上級士官候補生のパンターはフランスのサン・ドニ市付近の路上で5両のシャーマンを全焼させた。

ノルマンディ攻防戦では『ダス・ライヒ』師団の戦車中隊長であったエルンスト・バルクマンSS下級中隊指揮官が優れた活躍をした。彼は最初のシャーマンをサン・ロー市付近で1944年7月8日に撃破した。彼は搭乗車を撃破されると、車長が殺害されたパンターに乗り換えた。その4日後、バルクマンはさらに4両のシャーマンと対戦車砲1門を撃破した。7月27日にバルクマンはル・ロリ町の辺りでアメリカ軍部隊の攻撃の撃退に参加。ここで彼はアメリカ軍の戦車と戦い、9両のシャーマンを破壊した。その際バルクマンの戦車はいくつか深刻な損傷を受け、操縦手は重傷を負った。

1944年8月12日、ファレーズを巡る戦いでSS『ダス・ライヒ』師団のロルチュSS下級中隊指揮官は自分のパンターに乗って5両のシャーマンと装甲兵員輸送車1両を全焼させ、同じ部隊のフランツ・フラウシャーSS高級小隊指揮官はパンターからの射撃で9両のシャーマンを破壊し、さらに数量の可動戦車を戦利品として鹵獲した。

■Ⅳ号戦車、突撃砲、駆逐戦車のエース

Ⅳ号戦車に乗って戦ったドイツ戦車エースに関して知られていることは非常に少ない。この車種は第二次世界大戦で最も多く生産されたドイツの戦車であるにも関わらずにである。今のところは、Ⅳ

23：戦闘を終えたⅣ号戦車G型の乗員と敵ドイツ軍の戦車。1944年夏。この戦車は砲の防楯と砲塔の前面左側部分を撃ち破られている。（ASKM）

24：エルンスト・バルクマンSS上級小隊指揮官のパンターには、
80両の敵戦車撃破が記録された。（著者所蔵）

号戦車での戦闘に秀でた3名の戦車兵たちに関する記事を見つけ出すことができた。

まずは第35戦車連隊の中で戦ったⅣ号戦車の車長、リュディゲル・フォン・モルトケ少尉である。彼は2カ月の間に35両のソ連戦車を撃破した。

1942年7月7日、第24戦車師団のⅣ号戦車車長だったフライアーは、ヴォロネジでの市街戦で9両のT-34と2両とT-60を撃破した。

SS機甲擲弾兵師団『ダス・ライヒ』のハインツ・タロルSS下級中隊指揮官が操縦手を務めていたⅣ号戦車は1943年の9月に3両のT-34を撃破したが、自らも損傷した。車長は乗員たちに戦闘車両を離れるよう命じたが、タロルは残って戦車を修理する決意をした。損傷箇所を修理したタロルは自分のPz.Ⅳを戦列に戻し、それによって乗員たちはソ連戦車をさらに7両破壊した。

ここで触れずにおかれないのが、同じくSS機甲擲弾兵師団『ダス・ライヒ』の第Ⅲ戦車大隊で戦利T-34に乗って戦った、先任分隊長のエミール・ザイボルトSS高級小隊指揮官だ。彼が戦闘で撃破したソ連戦車は69両を数えた。

敵の戦闘車両を多数破壊した記録を持つドイツ軍のエースたちは、戦車に乗って戦っただけではなかった。彼らのうちかなり多くの者たちは、各種の自走砲、突撃砲、駆逐戦車に乗って勤務していたのである。

その中で最も戦果が多かったのは、第519ナースホルン重戦車猟兵大隊第1中隊長のアルベルト・エルンストである。彼の記録には80両を超えるソ連戦車があった（そのうち54両はT-34）。ただし、資料によっては80両ではなく、54両とするものもあるが、それでも十分インパクトがある。1943年12月22日などは、エルンストのナースホルンは20両のT-34の攻撃を撥ね返しつつ7両を撃破し、その2日後にはさらに14両を全部で21発の射撃によって撃ち破った。

フェルディナント自走砲で武装した第653及び第654重戦車猟兵大隊は、クルスク戦線北面で1943年7月5日から同8月15日にかけて戦車502両と火砲100門以上を撃破、破壊した。フェルディナント車長のベム伍長はハルトマン将軍宛の報告書の中でクルスク郊外における夏の戦闘について次のように伝えている——

「我々は第2小隊の中で最高の戦果を持ち、失ったのは2両だけであった。1両は地雷で爆破され、もう1両は敵戦車によって撃破された（7両のT-34が同車をあらゆる方向から囲み、距離400mからの砲弾1発が側面装甲板の下部を貫徹）自走砲の指揮官T少尉は敵戦車22両を撃破した。わが自走砲の指揮官は、射撃されたアメリカ戦車9両のうち7両を撃破した」

自走対戦車砲ヤークトパンターの戦闘運用に関する指摘を見つけ

25：攻撃を間近に控えたⅣ号戦車G型の乗員たち。東部戦線ハリコフ地区、1943年2月。奥にはⅣ号戦車とⅢ号戦車が見える。（ASKM）

出すことができた。1945年2月25日、第35戦車連隊の小隊長ヘルマン・ビークス曹長はプライシシュ・シュタルガルト市の南において、自分の自走砲でソ連戦車16両を破壊した。

　第653重戦車猟兵大隊の超重自走対戦車砲ヤークトティーガーの首尾よい運用に関する資料もある。1944年12月7日、道路の交差点を守る際に同車の無名の乗員たちが3時間で19両のシャーマン戦車を全焼させ、しかも敵側からは1発の貫通弾もなかった（ドイツ側の主張によると、アメリカ軍の射撃はあまりに拙く、この戦闘ではわずか4発の砲弾がかすったに過ぎなかった）。

　アメリカ軍元将校のジョージ・フォルティはヤークトティーガーとアメリカ戦車の戦闘場所を訪れ、そのときの印象を自著の『第二次世界大戦のドイツ装甲兵器』に明らかにしている——

　「1948年、ようやく将校の肩章を受領したばかりの私はヨーロッパ赴任を命じられた。ここアルデンヌの元戦場でも、かつては完全に揃っていたシャーマンの連隊を目にした。見渡す限り、ひっくり返ったアメリカ戦車の残骸で一杯だった。砲塔は外れ、変形し、車体はぐしゃぐしゃになっていた……。何がここで起こったのだろうか？　シャーマンの縦隊は右翼から不意打ちを食らったことが判明した。先鋒の戦車たちが破壊され、すると後続の戦車は足を止め、顔を攻撃する者たちに向けた——そのことによって自分の死を早めたのであった。それらを殲滅したのは……1両のヤークトティーガ

26

一だった。その猛々しい車体は、そのときもさらに恐ろしい輪郭を、丘の下に盛り上がる農場を背に浮かび上がらせた。恐らくそれは上空から撃破されたか、あるいはもっと可能性が高いのは、弾薬が尽きた後に乗員たちによって爆破されたのであろう。それからほぼ40年が過ぎたが、恐ろしい戦いの光景は今も私の眼前に広がっている」

　すでに述べたとおり、相当な数の戦果はIII号突撃砲（StuG III）に乗って戦った砲兵隊員たちのものであった。優れた設計、車両の偽装を容易にする低いシルエット、静かな走行、強力な武装（後期派生型は長身の75mm砲）……、これらすべてがこのマシンを恐ろし

い敵に仕立て上げたのである。

1941年7月にルドルフ・エニケ曹長の指揮する突撃砲小隊はある戦闘でBT快速戦車を12両撃破した。1942年1月17日、第190大隊のダンマン少尉率いるStuG III小隊はヴラヂスラーヴォフカ村地区でソ連軽戦車T-26を16両撃破した。1942年8月29日から同31日のルジェーフ攻防戦では第667突撃砲大隊のクラウス・ヴァーグナー中尉が乗るStuG IIIの乗員たちが18両のソ連戦車を破壊した。

1942年9月15日、そのルジェーフ郊外で第667大隊のプリモジッツ騎兵曹長の小隊がソ連戦車の複数の攻撃を撃退した。その中でプリモジッツの突撃砲にはKV戦車の76㎜砲弾が命中し、前面装甲板を貫通して戦闘室の上部を通過して跳び貫いたが、突撃砲には深刻な損傷を与えはしなかった。プリモジッツは即座に歯には歯でもって応え、やがてKVを、それからT-34も撃破した。歩兵の支援がなく、単独で戦っていた3両の突撃砲は一日の戦闘で全部で24両ものソ連戦車を撃破することに成功した。フーゴ・プリモジッツ騎兵曹長は騎士十字章を叙勲され、1943年1月28日にはこの勲章に樫の葉が授けられた。プリモジッツの記録には、撃破されたソ連戦車60両があった。

1942年9月の初め、スターリングラードを巡る戦いにおいて第244突撃砲大隊のクルト・プフレントナー上級騎兵曹長は、20分間に9両のソ連戦車を撃破した。第184突撃砲大隊のホルスト・ナウマンの突撃砲クルーは1943年1月の3日間の戦闘でソ連戦車12両を破壊したが、1943年6月10日にはトリスペル少尉のStuG IIIが12両のT-34戦車を1回の戦闘で殲滅した。

ドイツ自走砲隊員たちの栄光の中で異彩を放っているのが第202突撃砲旅団の将兵である。1942年11月のヴャージマ攻防戦において同旅団所属突撃砲車長アムリンク騎兵曹長と砲手のブルーノ・ウスコウスキは、48時間の間に信じられないほどの戦果を挙げた――ソ連戦車を42両も撃破するのである。1944年の2月に第3中隊のクレーマー騎兵曹長の乗員たちは他の2両の自走砲と一緒にソ連戦車13両を破壊し、その際クレーマーは自分の記録に6両のT-34を加えた。

ドイツ軍のあらゆる突撃砲部隊の中で最高の成果を記録したのは、ヴァルター・クニップSS大隊指揮官麾下のSS『ダス・ライヒ』師団突撃砲大隊であった――1943年7月5日から1944年1月17日までにこの部隊が不能にさせたソ連戦車は129両に上った。

さらに3つのドイツ国防軍突撃砲旅団の成果を紹介しよう。1942年9月17日、ヴォロネジ近郊のある戦闘で第190突撃砲大隊は17両のT-34を破壊した。第301旅団はスタニースラフ(現イヴァーノ・フランコフスク)の郊外で約30両のT-34を撃破した。

26:第525重戦車猟兵大隊のナースホルン自走砲。イタリア、1944年夏。強力な88㎜砲PaK43のおかげで、この自走砲は米英ソ各軍のいかなる戦車を相手にしても、距離1,000m以上離れて首尾よく戦うことができた。(ASKM)

1943年の1月から2月にかけて、レニングラード付近の戦いでは第226突撃砲大隊の41両の自走砲が210両ものソ連戦車を破壊したが、その際の損害は13両に留めた。

　個々の突撃砲クルーの中で最大の戦果を誇ったのは、第237突撃砲旅団のヘンリヒ・フェルディナント・オットー・シュパンツ——戦車76両、フーゴ・プリモジッツ騎兵曹長——60両、フリードリヒ・アルノルド——51両、騎士十字章受章のコホノフスキ上級騎兵曹長——48両、である。III号突撃砲の指揮官であったゲオルク・ボーゼとハインツ・ドイチの両少尉は敵戦車をそれぞれ44両と46両破壊し、第202突撃砲旅団のリヒャルト・シュラム上級騎兵曹長の記録には44両が残り、第300突撃砲大隊のハインツ・バウルマン大尉には38両の記録があり、シュトラウプ少尉の突撃砲クルーは1944年の夏に白ロシアにおいて18両を撃破した。

■戦果の信憑性

　もちろん、ドイツ軍戦車エースたちの勝利のすべてに触れることは不可能である。それはもはや本一冊分の資料に相当する。しかし、ドイツ戦車兵たちの成果にはかなり慎重に接しなければならない。実は、戦場で敵の戦車や自走砲を破壊するのは非常に難しいことなのである。もし破壊された敵戦車がこちらの支配地域にあれば、すべては明白である。だが、当の敵の地域にある場合は、戦闘車両の完全破壊については不明な点が多い。というのも、仮に戦車が撃破されても、それは完全に破壊されたことにはならず、戦場で修理して再び戦闘に向かわせることができるからだ。クルスク戦だけでも、数日間に修理復旧隊によって修理されて戦列に復帰した車両は、戦闘で損傷したT-34の50％超に上る。戦争全期間を通じて前線の修理専門部隊から戦車修理工場まで含めた赤軍の修理部隊によって戦列に戻された装甲兵器は46万両を数える。もしドイツ軍の戦車兵と自走砲兵たちの主張する結果、特に大戦末期の結果を真に受け止めるならば、ヨーロッパでの戦闘終結時点で赤軍戦車部隊は消滅していたであろう。

　確かに次の事実は認めるべきだ。すなわち、1941年から1945年にわたる赤軍の戦車と自走砲の損害は極めて大きかった。国防省が出したデータ（『資料集"秘密解除……"』モスクワ、ヴォエニズダート、1993年刊）によると、大祖国戦争におけるソ連軍部隊の戦車及び自走砲の損害96,500両に対し、ドイツ軍と枢軸国軍のそれは42,700両であった。

　ドイツ第17戦車師団長のゼンゲル・ウント・エッテルリンは赤軍戦車部隊の修理復旧部門の活動を非常に高く評価した。ロシア軍は戦車の開発と装甲兵器の修理にあたって次の原則に従っていたと

27：機械故障のためにミンスク街道に遺棄されたティーガー戦車。白ロシア共和国、1944年夏。砲身には13両のソ連戦車を撃破したことを示す白い環がある。（RGAKFD）

彼は指摘する──

「最良の型式を選択し、保有する戦闘車両の型式はわずか数種類に止め、最も簡潔な設計を開発し、それからこの兵器を膨大な数で生産するのである。ロシア軍の戦車の修理ぶりは全く素晴らしいものだ。もちろん、大修理はドイツ軍ほど迅速ではなかったが、彼らの保全活動はかなり効果的で、優秀な整備員は常に有り余っている。当然のこと、我々はわが戦車修理中隊の中においてもロシアの整備員を使うように努めた」

エッテルリンには元ドイツ国防軍第7戦車師団長のハッソ・フォン・マントイフェル将軍も意見を同じくしており、彼は1943年の8月にソ連軍の修理隊の活動を褒めている──

「彼らは常に戦場にあって、戦車隊員たちと一緒におり、徒歩で戦車の後に続き、故障の際は動かない車両の即時回収に努め、正真正銘の功績を挙げていた。小官などは、このような戦車はその場でた

だ焼却するよう命じていた」

　ドイツ軍には独自の戦果計上方法があり、一部破損した戦車も全損した戦車としばしば同じ位置づけがなされていた。自らの損害は全損、短期修理、長期修理に分類し、それは敵の損害に対して自己の損害を要領よく少な目に見せることを可能にしていた。ドイツ軍が全損としたのは、完全に破壊された、あるいは敵に鹵獲されたと見なされる戦車だけであった。修理中の戦闘車両の計算に関しては事情はもっと複雑であった。短期修理についてはすべてが明瞭のように思われる――それは野戦条件下で問題箇所を最短期間で解消し戦闘へ再投入することであるが、長期修理においては今ひとつ不明瞭な状況が立ち現れてくる。戦場で部分撃破された戦車が、修理のためにドイツに長期間後送される場合、これをどの損害に位置づけるべきだろうか？　というのも、前線の情勢は随時変わりうるし、ドイツ軍は戦闘活動への参加能力を有する装甲兵器、1両1両を頭に入れておかねばならなかったはずである。戦争の最終段階でドイツ軍内に戦車や自走砲が非常な不足が痛感されていたときに至っては、長期修理という概念は完全なる戦闘損害と位置づけることも十分可能であろう。一方で赤軍内にはやや異なる、より簡明な損害計上方法があり、それによると戦車は全焼するか、全損するか、または部分撃破されるかのいずれかであった。

　ドイツ軍の戦車兵団（師団、軍団、軍）の戦車及び自走砲の保有数に関するデータに大きな混乱をもたらしているのが、いわゆる各日の報告（朝、夕）である。これらの報告とは別に、兵器保有数に

28：ロシアのある村にたたずむⅢ号突撃砲B型。東部戦線、1941年夏。この突撃砲が善戦できたのはT-26軽戦車とBT快速戦車を相手にしたときだけであり、T-34中戦車とKV重戦車に対してはまったく無力であった。（RGAKFD）

29：第519重戦車猟兵大隊所属のナースホルン自走砲車長、アルベルト・エルンスト。記録された戦果は80両（別の資料によると54両）を数える。（著者所蔵）

30：ハリコフ地区で撃破されたスターリングラード・トラクター工場製のT-34中戦車。1942年5月。

関する主計官の報告書も存在したが、これまた一致しないのである。その顕著な例となるのがクルスク戦であろう。第4戦車軍の戦車及び突撃砲の保有数は夕刻の報告によって記録されていったが、第III戦車軍団のそれは朝の報告に基づいていた。SS『ライプシュタンダルテ・アドルフ・ヒットラー』師団にいたっては1943年7月12日の戦闘活動終了時点（プローホロフカ近郊の戦い）の夕刻の報告書はそもそも保存されていない。

■ドイツ側の主張

非常にしばしばドイツ軍は自らの損害をしかも具体的な個々の日々について指摘しているが、それは主に後日記録されたものであり、その結果、個々の日の実際の損害を明らかにすることを非常に難しくしており、ときに実質的に不可能な場合もある。この問題を一目瞭然にするため、パンター戦車が配備された第10戦車旅団第39戦車連隊のクルスク郊外の戦いにおける損害データを引いておこう――1943年7月4日から同20日にかけて連隊はパンター戦車を58両全損した（7月4日～10日：25両、7月11日～20日：33両）。だが、第39戦車連隊の主な損害は会戦当初の数日に発生したものである事実を考慮すると、7月11日～20日の間もドイツ軍は1943年7月11日までに失ったパンターを数え続けていたことになるのである。

そもそも、クルスク戦におけるドイツ軍の装甲兵器の全損数を十分正確に特定することは実質的に不可能である。それならばなおの

こと、"千年帝国"がソ連軍と連合国軍の諸部隊の打撃の下に崩壊しつつあった第二次世界大戦末期におけるドイツ軍の戦車と自走砲の損害数について何が言えるだろうか？

ドイツ軍戦車エースたちの戦果の過半が東部戦線におけるものであるのは当然である。欧米連合国軍の戦車の撃破にドイツ軍がソ連軍戦車ほどは熱心ではなかったからであり、その理由は十分察することができる。その上、ゲッベルス宣伝大臣のプロパガンダが世界の多くの第二次大戦史家たちの頭の中にあまりにしっかりと根付いているようで、ときおり、ドイツ国防軍と武装SSの戦車隊員たちは世界の眼の前に、まるでスターリンの無数の戦車軍団を駆逐した有徳の騎士のように描かれている。そのため、信じやすい、この問題をあまり知らない人間は、入念に選び抜かれたデータの罠にはまって、ドイツ戦車兵たちの戦果は真実であると信じだすのだ。このような人間はもちろん、短砲身の75㎜砲を搭載したドイツの突撃砲StuG Ⅲが1941年にT-26軽戦車やBT快速戦車ではなく、T-34中戦車とKV重戦車を30両も撃破したとする話に驚いたりはしない。実際のところ、この突撃砲の搭載砲がT-34との戦いには適さず、KVに対しては尚更だったにもかも関わらずにである。この砲はそもそも、敵戦車との戦いを想定したものではなかった。徹甲弾も使用弾薬に含まれていたのは確かだが、それでも突撃砲はやはり、対戦車砲の射撃が効果的でなくなるときになって初めて、射撃を敵戦車に移すことができたのであった（砲口初速385m/sのK.Gr.rot pz StuG Ⅲ徹甲弾A-E型は距離100mでは装甲厚31㎜、距離500mでは28㎜

31：レニングラード郊外で撃破されたKV-1戦車。1941年8月。

32

32：ブルマイスター少佐の指揮の下、1945年1月27日に3両のティーガーからなる戦車隊は30両のソ連戦車を破壊した。（著者所蔵）

33：第502重戦車大隊のベルター中尉。
彼のティーガーは144両の敵戦車を撃破した。（著者所蔵）

の装甲板を命中角0度で貫通することができた）。

　非常にしばしば、ドイツ軍の戦車・自走砲隊員たちの戦果リストには、さまざまな理由から当該地区の当該時間には居るはずのなかった敵戦車が書き加えられていった。一例を挙げると、1941年6月の白ロシア共和国ゴーメリ飛行場を巡る攻防戦でドイツ第192突撃砲大隊は、T-26軽戦車とT-28中戦車を20両以上も撃破したとされる。その上、これらの突撃砲は戦利品として五砲塔重戦車T-35を鹵獲したということであるが、これは全くありえない話だ。というのも、59両あったT-35のうち48両はウクライナで戦っていた第8機械化軍団第34戦車師団の編制下にあり、残る11両は学校やハリコフの工場に置かれていたからだ。

　クルスク戦においてはドイツ側の集計報告書類によると、膨大な数に上る撃破されたT-34とKVと並んで三砲塔のT-28と重戦車KV-2も見受けられるが、これらの戦車は1943年の夏には赤軍戦車部隊にはすでに存在しなかったのだ。その例となるのがSS『ダス・ライヒ』師団戦車連隊の戦闘活動報告であろう。同連隊はそのⅣ号戦車でツィタデレ作戦のプローホロフカの戦いで数両のM3『リー将軍』戦車とT-34戦車のみならず、三砲塔戦車T-28をも複数撃破したとされている。このような実際との不一致は第503重戦車大隊の戦歴書にも見られる──1943年8月18日〜19日大隊戦車隊員たちの戦果リストに47両の撃破されたT-34のほかに2両のIS-2が突然出てくる。

　クルスク戦並びにプローホロフカの戦いにおける独ソ双方の戦車の損害数についても、歴史家たちの論争は鎮まりそうにない。そして、ドイツ側は滑稽な結論を出すまでに至っている──SS第Ⅱ戦車軍団はプローホロフカの郊外で1943年7月12日に全損はわずか3両で、損傷した戦車は38両、突撃砲は12両とした。ソ連のクルスク戦に参加した戦車隊従軍者たちはこのような結論に頷くことはできない。ソ連邦英雄で戦時中は戦車大隊長としてプローホロフカの郊外で戦ったⅤ・Ｐ・ブリューホフはこう指摘する──

「我々は各自各様に走っていたが、針路は維持していた。ドイツ軍はこっちに正面からも、側面からも向かってきていた。我々が彼らを通すと、彼らもこちらを通し、我々が後退すると彼らもまた後ろに退く。そして10時には我が方の戦車は、まあ少なくとも40%ほどが機能を失った。これは2時間の間の出来事だ。同じように彼らの方も多かった。今になって、彼らが失った戦車は4両だといわれている。でたらめだ！　彼らもまた多くの戦車を失った。あそこでは戦闘は主に至近距離で行われ、互いに相手を撃ちまくったのだ」

　クルスク戦の別の参加者で、やはり戦車大隊長として第1戦車軍第22戦車旅団の編制下でオボヤーニ方面で戦ったボリス・イワノ

34：SS第103重戦車大隊のカール・ブロンマンSS下級中隊指揮官は、戦車及び自走砲を66両、火砲を44門と自動車15台を撃破した。（著者所蔵）

フは、この戦いにおけるドイツ軍と自分の旅団の戦車兵たちの活動に次のような評価を与えている——

「……プロの戦車兵として恐れずに言うが、ドイツの戦車師団司令部は戦車兵たちを文字通り死に駆り立てていた。それ以外に彼らの行動を表現できない。敵の無能な指揮と我が将兵の優秀な訓練と忍耐は、我々が特に7月6日に首尾よく行動するのを可能にした……。我が大隊はヴェルホペーニエだけでも7月8日と9日に敵戦車29両を撃破、損傷させた。E・T・コブザーリ上級中尉の中隊はスィルツォーヴォ［スイルツェヴォか？］とヴェルホペーニエで7月の7日、8日に26両の敵戦車を、I・P・クーリヂン上級中尉の中隊は28両をそれぞれ破壊した。またV・Ya・ストロジェンコ中尉の中隊は敵戦車35両を全焼または損傷させた。我が戦車軍の中隊についてすべて列記することはしない。それらは全部で約50個あるからだ。

私が負傷した後に旅団に戻ったとき、技術担当副旅団長のオブーホフスキー大尉は私に、以前の前線を回復した後に戦闘が行われていた場所を検分し、戦死した同志たちを葬るよう命じられたことを語った。ヴェルホペーニエで見つけたのは撃破されたり全焼した我が軍の戦車ばかりであった。しかもドイツ戦車は1両もなかった。まるで彼らは損害を出さなかったかのようでもある。一体どういうことだ？　ところが、8月3日に反攻に移ると、トマーロフカ地区に復旧と修理のために引っ張ってこられた数百両ものドイツ戦車が発見されたのだ。その中には、すでに修理の終わった45両の『ティーガー』も含まれていた（これは恐らくIV号戦車の長砲身型だったと思われる：著者注）」

あるいは例えば、西側の文献は1943年から1944にかけてウクライナに破壊されたソ連戦車が数百両に上ることを歓喜して宣言している。その一例として、1943年9月12日から同13日にかけてコロマーク郊外での"戦車戦"においてドイツSS『ダス・ライヒ』師団のパンターたちが48両のソ連戦車を撃破し、その際装甲車両を1両も失わなかった、と主張されている。9月12日の戦闘だけでも、あたかも20両のT-34とKV-1、KV-2が破壊されたとしている。当時KV-2はすでに赤軍の兵器装備からはずされて久しかったのであるが。ただし、KV-1については同車種の改良型、KV-1sだった可能性は十分にある。翌日は7両のパンターがホルツァーSS高級中隊指揮官の采配の下、40分の間に28両のソ連戦車を破壊し、自らは1両も失わなかったとしている。しかし、これら2日間のソ連戦車の損害に関するソ連側の報告書は、"48両の破壊された戦車"という数が、約45kmのドイツ軍攻勢前線における2日間のすべてのソ連戦車の損害を合計した場合にのみありえることを物語っている。

外国の研究者たちの大半は、ドイツ戦車に関して第503ティーガ

一大隊とパンター1個大隊からなる戦車集団『ベーケ』の1944年1月の戦果を指摘している。この集団は参戦者たちの回想によると、2個のソ連戦車軍団（！）を同時に相手にして数日間続けて戦うことのできる場所をどこかに見つけたようで、そこで267両（！）ものソ連軍の戦闘車両を全損させ、自らはわずか1両のティーガーと4両のパンターを失ったに過ぎない、とされている。この主張には、控えめに言っても異論の余地がある。まず、ソ連軍の戦車軍団の編制定数は110両であった（しかも1944年1月当時のソ連戦車軍団の定数充足率は60～70%であった）。ティーガー大隊は45両を下らず（第503大隊にはこの当時むしろもっと多くの車両があった）、パンター大隊は50両を超えていた。その上、ドイツ軍の戦車は防御態勢にあった。次に、これらの戦果はすべて戦闘参加者たちの言葉から記録されたものであり、ということは、実際の戦果の数はこの二分の一から三分の一だったとも言えよう。そして最後に、ジトーミル・ベルヂーチェフ作戦（1944年1月）においては1箇所で数日間に敵の射撃によって保有兵器の半分を失ったソ連軍の戦車軍団は1個もない。

　さらに、25両のT-34中戦車あるいは26両のIS-2重戦車がティーガー若しくは突撃砲を1両も撃破できなかった、ということにも驚かされる。なぜなら、大祖国戦争末期のソ連戦車部隊はすでに、1941年～1942年当時のそれとは大きく違っていたからだ。また、IS-2で武装された親衛戦車連隊は特に大切にされ、むやみやたらと戦闘に投入されることはなかった。その例としていくつかのIS戦車連隊の戦闘活動に関する話を挙げることができる。

■食い違う独ソ双方の証言

　第72独立親衛重戦車連隊はウクライナ右岸地帯で1944年4月20日から同5月10日にかけて8両のIS-2を全損したが、このとき敵の戦車と自走砲を41両撃破している。

　第71独立親衛重戦車連隊は1944年の5月14日から8月31日までの間、IS-2を3両全損し、7両が部分撃破された（このうち3両は修復された）。この間の戦闘で連隊の戦車兵たちはティーガー8両と自走砲2両を全壊させ、それに加えてティーガーとパンターを3両ずつ部分撃破した。

　第81独立親衛重戦車連隊は東プロイセンでの戦闘活動において1944年10月16日から同31日にかけIS-2を10両全損し、14両が部分撃破された（このうち9両が修復された）。このとき、敵は戦車だけでも18両が全壊した。やがて東プロイセンでソ連軍の攻勢が始まると、この連隊は1945年2月15日から同27日の間に5両が全焼し、16両が部分撃破された。

35：コルスニ・シェフチェンコ地区で破壊されたⅣ号戦車。1944年。

36：ブダペストの市街戦で撃破されたⅤ号戦車パンターG型。1945年3月。砲身には撃破したソ連戦車の数を示す7本の白い帯が付いている。(RGAKFD)

第7独立親衛重戦車旅団（IS-2重戦車65両）はベルリン攻防戦の過程で、1945年4月16日から同5月2日の間に戦車と砲兵の射撃により28両の戦車を、またファウストパトロンの射撃からは11両を失った。さらに28両が部分撃破されたが、後に修復されている。この間の戦闘で旅団の戦車隊員たちは敵の戦車と自走砲だけで35両を殲滅した。

　これと同じことがSU-100自走砲についても言える。これらの自走砲は前線には非常に少なかった。

　もう一つの例として、すでに挙げたジョージ・フォルティが著した『第二次世界大戦のドイツ装甲兵器』の中から、ドイツ国防軍第35戦車連隊のクリスト伍長指揮するパンターが、1944年の9月にソ連戦車を相手に戦った戦闘を叙述する一節を抜粋しよう。この戦闘でドイツ軍は7両のT-34戦車を部分撃破している──

　「……自分の任務を果たして傷ついたパンターは、なんとか最初の陣地にたどり着いて停車した。クリスト伍長は野戦双眼鏡で周囲を見回した。すると思いがけず、撃破されたT-34の傍に彼はもう2両のソ連戦車を目撃した。それらの砲はパンターの方に真っ直ぐ向いていた。危機一髪の事態となった……。それでなくとも戦車は損傷しており、さらに牽引されたままである。クリストは再び連絡を取り、修理隊を急がせた。このときヒートルは慎重に戦車を戦闘態勢に移していた。レハルトは入念に照準を定め、徹甲弾をT-34の1両にめがけて発射した。命中は、ソ連戦車が恐るべき轟音とともに文字通り木っ端微塵となるほどの成功であった。『5点満点だ』──、とクリストは思った。

　すると彼は、最初に部分撃破したT-34が気付かれないように戦場を離れようと試みているのに気付いた。再び砲を旋回させねばならなくなった。パンターの一撃を受けて、T-34はついに炎上した。まるで焚き火のように……」

　これと同じようなエピソードが、1944年3月17日のレンビートゥ集落での戦闘に関するオットー・カリウスの回想に見られる──

　「私の砲手のクラーメル伍長がロシア軍の対戦車砲に対する射撃をしているとき、私は左舷に目を遣ったが、まさしくぴったりのタイミングであった。T-34が、我々が姿を見せたときに旋回し、砲をほとんど直接照準でケルシャーに向けたのを見た。

　状況は危機の頂点に達していた。すべては秒単位で決まることになった。我々にとって幸運だったのは、ロシア軍がいつもの通り完全に閉め切った状態で行動しており、十分素早く地勢を見極めることができなかったことである。ケルシャーもまた戦車に気付かなかった。なぜなら戦車はほとんど背後から近づいてきていたからだ。それは彼から30m離れたところを走っていた。私はタイミングよ

くケルシャーに伝えることができた──『おい、ケルシャー、T-34がお前の後ろにいるぞ、気をつけろ！』。すべては、またたく間の出来事だった。ケルシャーはロシア軍を至近射撃で迎えた。彼らは爆弾孔に落ち込み、這い出すことができなかった。

　我々は息継ぎの余裕ができた。もしイワンたち［ロシア兵に対するあだ名］の神経が持ちこたえ、彼らが砲火を開いていたら、我々は両方とも棺桶の蓋が必要だったところだ。だが残る5両のT-34戦車は射撃を始めなかった──見たところ、誰が彼らを撃ち、どこから撃っているのかが分からなかったようだ……。

　そうこうしているうちに、半時間を超える阻止射撃の後の正午過ぎ、ロシア軍は装甲兵器の支援の下で再び我々のセクターを攻撃した。我々はこの攻撃も撃退し、さらに5両のT-34と1両のKV-1を叩くことができた……。

　ちょうど1時間後に、イワンたちは装甲兵器の支援が付いた新たな攻撃のために1個大隊規模の部隊を集結させた。彼らはいかなる代償を払ってでも我々の抵抗拠点を奪取しようと望んでいたが、そ

37：搭乗車の上に並んだ自走砲マーダーⅡの乗員たち。東部戦線、1942年10月。この自走砲は"KOHLENKLAU"（『石炭泥棒』）の名前を持ち、砲身には破壊した敵戦車の数を示す白い環が付いている。（ASKM）
［"KOHLENKLAU"はナチ・ドイツが行ったエネルギー俊約キャンペーンで、悪役としてカリカライズされたシンボルキャラクター］

38：行軍中の自走砲縦隊。1943年秋。手前は敵戦車を13両撃破したマーダーⅡ、その後ろにはフランス製牽引車ロレーヌのシャシーをベースにした自走砲2両が続く。（ASKM）

の目的は達成できず、さらに3両のT-34戦車を失った」

クリスト伍長のパンターやケルシャー軍曹のティーガーのケースに見られるとおり、ソ連戦車はドイツ軍が自分たちの戦車の砲を冷静に回し、何食わぬ顔で至近距離から撃つのを許していたとされる。故障して動きの取れないパンターでさえ、76㎜砲で武装したT-34より10倍強いのだ、と反論することもできよう。ではこの点に関してソ連の元戦車兵たちは何と言っているだろうか？　その一人、第3親衛戦車軍第56親衛戦車旅団の中で戦ったピョートル・チモフェーエヴィチ・ペトレンコ戦車軍中将に語ってもらおう──

「クルスク戦線の緒戦が示すのは、76㎜砲を武装に持つ我々のT-34戦車にとっては、口径88㎜の砲で武装し、50tの重量と100㎜に達する前面装甲と砲塔の装甲厚を有するティーガーとの一騎打ちが困難であることだ。もっと困難だったのは、フェルディナントと戦うことである。この自走砲は重量70tにしてティーガーと同じような砲を持っていたが、前面装甲はさらに厚く、200㎜に及んだ。しかしながら、ティーガーもフェルディナントも足が遅く、動きが鈍かった。前者は良好な道路で最大速度が時速44kmで（ティーガーがこのような速度で走行できる距離は長くなく、駆動輪の歯が破損した：著者注）、自走砲の方は最大で時速20kmであった。

ドイツの戦車と自走砲のアキレス腱を我が軍の戦車兵たちは素早く見つけ出した。

これらの兵器がゆっくりと旋回し、便利な態勢を選んでいるうちに、34式は機敏に動いて土地の起伏を利用しつつ近づいていった。

38

そして徹甲弾で敵戦車の側面を破壊した。ティーガーとフェルディナントのその厚さは60〜85㎜であった。

しかしこのような成功はいつものことではなく、ときに戦果は高い代償を払って達成されていた。

34式にとって戦場での出会いがはるかに容易だったのがパンターだった。この戦車にはT-34の76㎜砲に対して75㎜砲が装備されていたが、前面装甲は我が戦車よりも15〜35㎜厚かった。速度でもパンターはT-34に劣っていた」

ソ連戦車にとって幸いだったのは、ティーガーとフェルディナントがあまりに少なく、ソ連軍の大所帯の戦車軍・軍団に十分対抗できなかったことである。諸部隊にT-34/85戦車、IS-2重戦車、ISU-122、ISU-152、SU-85、SU-100といった自走砲が登場したことによって、ドイツ軍の猛獣たちを駆逐するのがかなり容易になった。しかしこれらの兵器が登場するのはかなり遅く、1944年にソ連軍部隊が完全に主導権を奪取し、独ソ戦線のすべてにおいて攻勢に移ったときであった。

オットー・カリウスの著書のもう一つの戦車戦に関する記述には多くの不明点と疑問点が浮かんでくる。それは、1944年7月22日に発生したマリーノヴォ村を巡る戦いである。カリウスの言によれば、電光石火の攻撃で2両のティーガーは村に突入するだけでなく、22両のソ連戦車を掃射することができたとされている。仮にカリウスが主張するとおり、ソ連の戦車兵たちがあまりに暢気な行動をとったとしても、日中の攻撃時に2両のドイツ戦車が単独でこれだけの数の戦車を懲らしめることは恐らく無理であろう。その上、ときすでに1941年ではなく、1944年である。しかも、全壊した戦車は事実上すべて、ティーガーと自信をもって戦う能力を持つソ連の戦車設計の新車種であった。また、カリウス自身が書いた第502重戦車大隊の1944年7月4日から同8月17日にかけての戦闘活動報告には、マリーノヴォ村を巡る戦いでは大隊の戦車兵たちによって23両の敵戦車が撃破され、その中には17両のT-34/85と5両のIS-2があったと伝えられている。そして、オットー・カリウスの回想では、ニンシュテット少尉率いるさらに6両の戦車がこの攻撃に加わっていたかどうかが、あまりよく分からない。カリウスはまた、彼の言葉によると東に姿をくらまそうとしていた2両のIS戦車がどのようにして完全撃破されたのかについて、何も伝えてはいない。ケーニヒスティーガーとIS-2を比較する試みにも驚きを覚える。それは、2つの戦車の砲が制退器を装着していたからというだけではない。周知の通り、ケーニヒスティーガーが東部戦線に登場したのは1944年8月である。当時東部戦線で戦っていたドイツ軍の戦車兵たちはこの兵器について耳にはしていた。というのも、これらの戦車

39：30両以上の戦果を挙げた第502重戦車大隊のケルシャー軍曹。（著者所蔵）

が諸部隊に極めて少数がようやく姿を見せ始め、ノルマンディの戦闘に参加していたからだ。ケーニヒスティーガーはサイズではIS-2よりはるかに大きかった。独立親衛突破重戦車旅団の指揮を少佐が執っていたとされる事実や、さらに記述の中では旅団がその後なぜか大隊に変わっていることも疑問を抱かせる。ここで忘れてはならないのは、独立親衛重戦車旅団が編成されるようになったのは、ようやく1944年の12月のことだった点だ。それゆえ、殺害されたロシア軍の将校が第1重戦車旅団の指揮官たりえることはまったくないのである。仮にカリウスが旅団と、IS戦車21両を配備されるはずの独立親衛重戦車連隊と取り違えたとしても、矛盾が生じる――当時第1独立親衛重戦車連隊は白ロシアでもバルト地方でもなく、ウクライナで戦っていたからだ。それに最新の公文書資料によっても、マリーノヴォ村を巡る戦いで赤軍部隊が失ったのは全部で8両の戦車（IS戦車3両、T-34戦車5両）であった。23両の損害（うち17両がIS）と8両の損害（うちISは3両）とでは、かなり大きな違いがあることには同意していただけるだろう。

■**あり得ない戦果**

　ドイツ軍が"カバ"などという何やら不名誉なあだ名さえ付けていたIS-3重戦車のドイツ戦車エースたちによる撃破は、そもそもいかなる批判にも耐えることができない。そのような"事実"はある。例えば、ドイツ軍と彼らの言うことを繰り返すヒットラー軍の崇拝者たちは、ハンガリーとオーストリアでの戦闘においてケーニヒスティーガーとヤークトパンターに乗って戦ったドイツの戦車隊員

40

たちが、IS-3重戦車をいくつか全壊させたと主張している。あるケースでは、1945年3月28日という日付まで記されている。この日ハンガリーのコマルノ集落地区で5両の自走砲ヤークトパンターがソ連の新戦車IS-3と交戦し、新型のスターリン戦車2両を全壊させ、しかも自らは1両も失わなかった、とされている。だがこれらの"事実"は実際と一致しないのである。

悲しいかな、IS-3重戦車は大祖国戦争にそもそも参加していないのだ。1945年5月24日になってようやく、チェリャビンスク戦車工場にあったこのタイプの車両29両のうち17両が、工場テストをパスすることができただけであった。重戦車IS-3は1945年8月～9月の極東での戦闘活動にも加わらなかった。

IS-3の他にドイツ軍の戦車兵たちは試作戦車T-43を破壊することまで思いついている。この戦車は独ソ戦線では実質的に使用されていなかった。ドイツ第4戦車師団第35戦車連隊第1戦車中隊の戦歴書には、同連隊の戦車兵たちが1944年9月にリガ市郊外の戦闘で2両のT-43を全壊させたことが述べられている。2両の試作戦車T-43

40：ソ連軍戦車隊に撃破されたV号戦車パンター、砲塔防盾右側面下部の弾孔。1945年2月。

41：同じくソ連軍戦車隊に撃破されたV号戦車パンターを、左後方から見る。1945年2月

は確かに、『第100特別戦車中隊』において8月19日から9月5日にかけて前線テストを受けていたが、……それは1943年のことであった。完全にテスト車両によって編成された中隊が参加できたのは敵との小規模な射撃戦のみだった。というのも、これらの戦車のどれを失っても、いろいろなレベルの指揮官たちにとってただ事で済まされるものではなかったからだ。T-43試作戦車は敵の射撃から1〜11発の命中弾を受けたにも関わらず、装甲は貫通されておらず、1両も全損とはならなかった。

　ミヒャエル・ヴィットマン自身の戦果に関しても疑問がある。イギリスの歴史家で『ヴィレル・ボカージュ』**の著者であるダニエル・テイラーは、このフランスの村でのヴィットマンの有名な戦いを目撃した人々に質問して、この戦いで連合国軍が出した損害は、最も控えめに計算してもドイツ側によって2倍に誇張されているとの結論に至った。ヴィットマンの東部戦線における戦果の数に関する資料もかなり矛盾している。例えば、クルスク戦の初日にヴィットマンが全壊させたのは8両ではなく、戦車13両と対戦車砲2門であり、7月7日にはさらに7両のT-34と19門の砲を殲滅したと主張している（他の資料によると、2日間で戦車5両と自走砲2両とされている）。プローホロフカ郊外の戦いでは彼の戦車クルーが撃破できたソ連戦車は、8両ではなく2両だけだったとする資料もある。1944年1月10日現在のヴィットマンの戦果は66両に達した（おそらくStuG IIIに対する戦果は含まれていない）。だが1月9日のソ連戦車22両の破壊によってヴィットマンの戦果は78両に上るはずであった。よく分からないのが、彼の戦車クルーが1944年の1月3日と同13日に何両の戦車を撃破したのかである。ある文献には16両の戦車をヴィットマンは1月3日に全焼させたとあり、別の文献はそれが13日のことであるとしている。また、ヴィットマンが1944年1月13日に全損させた戦車の数についても、8両と19両プラス自走砲の違いがある。後者の戦車19両と自走砲2両（または3両）という戦果に関しては、ドイツの戦車エースの戦歴に日付の間違いが十分に考えられる——すなわち、1944年1月の9日と13日である。

　そしてここで思い起こしておかねばならない点がある。それは、ヴィットマンの成果における主な功績は彼の砲手であるバルタザール・ヴォルのものであり、また各種の勲章を授けられた他の乗員たちのものであることだ。ヴィットマンが戦車長としてできたのは、戦場を視察して、砲手に目標選択の指示を出すことだけで、直接に砲の向きを定めて射撃をするのはまさにバルタザール・ヴォルであった。とはいえ、ドイツ軍のエースにしかるべき評価を与えるべく、戦場でのさまざまな状況での判断能力と巧妙な陣地選択、攻撃の時間と方向の正しい選択、タイミングよい撤退を予測する能力を挙げ

【**】邦訳は大日本絵画から刊行——岡崎淳子訳『ヴィレル-ボカージュ・ノルマンディ戦場写真集』。

42：第202突撃砲旅団所属のリヒャルト・シュラム騎士十字章佩用上級騎兵曹長は、
　　ソ連軍の戦車と自走砲を44両撃破した。（著者所蔵）

43

44

ないわけには行かない。ヴィットマンはその動きで敵をひどく驚かせるだけでなく、自分の戦闘車両が破壊されるのも免れることができた。というのも、彼の戦車はその死を迎えるまでに部分撃破されたのはわずか1回だけだったからだ。それにヴィットマンは自分の小隊を、そしてやがて中隊をも非常に巧妙かつ熟練した指揮で動かしたのである。

　他方でまた、ソ連軍部隊の戦闘活動報告の中にもしばしば、多数の全焼したり、部分撃破されたティーガー戦車やパンター戦車、自走砲フェルディナントに関する報告を目にする。それに、ソ連の元従軍者たちや軍人たちのさまざまな回顧録の中でも、大祖国戦争をテーマにした多くの刊行物の中でも、ドイツ軍のティーガーやパンターがまるでマッチのように燃え、ドイツ国防軍の装甲の無敵艦隊がかなり簡単に駆逐されている。ときおり、ある特定のドイツ戦車の撃破を砲兵も、歩兵も、戦車兵も、そして飛行士たちもが主張することさえある。戦闘活動の結果は、それがドイツ軍のものであれソ連軍のものであれ、特に1943年から1945年にかけて双方がそれぞれ敵の損害を大きく誇張し、自己の損害を過小評価していた時期については、そのまま正しいものとして受け取るべきではない。この問題で真実を見つけることができるのは、戦利品捕獲部門の報告書や保有兵器に関する定期報告書の中だけである。だがこれもそれほど簡単なことではない。

■戦車運用と戦術──ドイツ軍戦車兵の優位

　ドイツ軍の戦車エースたちのために、特にソ連側に関わる次の事実を挙げることができる──それは、不正確で、ときにただ単に無益な装甲兵器の運用と、もちろん戦車乗員たちの低い練度のことである。1941年から1942年の悲劇的な出来事を思い起こせば十分であろう。当時ソ連軍の戦車部隊は人員と兵器に甚大な損害を出したが、それは主に軍幹部が戦車を戦闘で運用する術を知らなかったことによるものだ。クルスク戦においてさえ、戦車兵団の運用において多くの酷い過ちが犯されていたのである。例えば、先に触れたマントイフェル将軍は赤軍の戦車運用戦術についてかなり低い評価の持ち主であった。彼の言葉によると、赤軍の中には「戦術的機動性が欠如していた」。彼の見方にはゼンゲル・ウント・エッテルリン将軍も同意見である。「ロシア軍の戦車戦術はかなり原始的であり」、より経験のあるドイツの戦車兵たちは非常にしばしば、ロシア軍が数で優勢にあるときでさえ勝利を収めていた。第6戦車師団の無名の戦車兵の回想が残っている。彼はその中でこう指摘している──「我々にはひとつ有利な点があった──機動性である。ロシア軍の戦車は何よりまず、密集した家畜の群れを思い起こさせる。彼らに

43：歩兵の強襲部隊を載せて前線に向かうⅢ号突撃砲。1943年冬。(ASKM)

44：撃破されたⅢ号突撃砲を検分するアメリカ兵。1944年秋。砲身の白い環の数からすると、この突撃砲の乗員たちは20両以上の連合国軍戦車を撃破していたようだ。(ASKM)

45：行軍中のⅢ号突撃砲。1944年。車体には成形炸薬弾対策の防護板が装着されている。（ASKM）

はこの群れを脇から攻める豹の自由さはない。豹とはこの場合、我々のことである」

　もう一人、ドイツ国防軍の匿名の参謀将校は1942年の東部戦線における戦車戦を振り返りつつ、赤軍戦車兵団の戦術上の訓練ができていないことを次のように評していた——

「彼らは戦場で大群をなして集まっていた。動きは緩慢として、無計画的だった。しばしば互いに進路を塞ぎ合い、あるいはまた、我々の陣地に進出してきても、現れた有利な状況を利用するようなことは皆無で、消極的で無気力なままであった。ドイツの対戦車砲が1時間に30両に上るロシア戦車を殲滅していたのは、こういう日々であったのだ」

　このほかに、ドイツ戦車の設計上の特色が、他国の戦車と異なり、ドイツ軍の戦車兵たちがその兵器を戦闘で有効に運用することを可能にしていた——

「我々が則った原則は、——オットー・カリウスは振り返る、——最初に撃て、もしそれができなければ、少なくとも最初に当てろ、であった」。その前提となったのはもちろん、通信連絡が戦車から戦車へ、また各乗員間の通信連絡が完全に機能することであった。その上、迅速かつ正確な砲の照準設定システムが要求されていた。大抵の場合、ロシア軍にはこれらの前提条件が両方とも欠けていた。これが原因で彼らはしばしば不利な態勢に置かれ、しかも我々に装

46：シュトラウプ少尉のⅢ号突撃砲は1944年の夏、白ロシア共和国で18両のソ連戦車を撃破した。（著者所蔵）

甲厚や武装や操縦性において劣らぬときでさえそうであった。『ヨシフ・スターリン』戦車をもってしては、彼らは我々を凌駕さえしていたのだが……。

　長い間ロシア軍においては戦車の乗員が4名でのみ構成されていた。車長は自ら常に視察を行い、目標に照準を定めて砲火を開かねばならなかった。それがために彼らはいつも、これらの重要な機能を2人で分けている敵よりも不利な態勢にあったのだ。開戦後やがてロシア軍は、5名からなるクルーがもたらす優位性を認めた。その結果彼らは自らの戦車の構造を変えた──砲塔に司令塔を付け、車長席を追加した。私は例えば、戦後にイギリス軍がどうして乗員がわずか4名の新型重戦車を開発したのか、なんとも理解できない。

　我々は自分たちのティーガーに十分満足していたし、それに劣らず歩兵にも満足であった。我々はとうとう最後には、東と西とでの厳しい防衛戦のときにそれら［ティーガー］と一緒に頑張った。多くの戦車兵たちが、この第一級の戦車に恩返しのしようがないほどの世話になったのである」***

■両軍戦車の生残性と乗員

　1942年から1943年の間に新型の重戦車ティーガーとパンターを開発したドイツの装甲兵器は技術面で、短期間ながらソ連の兵器を凌駕することになった事実は認めるべきだ。戦争中期においてさえ、ソ連の戦車には多くの構造上の欠陥が一連の理由によって未解決のままであった。第5親衛戦車軍司令官のP・A・ロトミーストロフは1943年8月20日付けのG・K・ジューコフ元帥宛の書簡に次のように指摘していた──

「悲しいことに、我が戦車兵器は自走砲SU-122とSU-152の武装採用をさておけば、戦時中には何も新しいものはもたらさず、初期生産の戦車にあった不備、すなわちトランスミッション系統（主クラッチ、ギアボックス、サイドクラッチ）の不完全さや砲塔の旋回が極めて遅く不安定であること、非常に悪い視界、乗員配置の窮屈さは、完全には今日に至るも解消されていないと申し上げざるを得ません」

　また、ドイツ軍にあってはたいていの場合、装甲兵器をさまざまな種類の戦闘においてかなり適確に運用するだけでなく、他科の部隊との連携もうまく組織できるように努めていた。それに、ソ連戦車の乗員の役割分担が不適切であるとのオットー・カリウスの見解には、戦後のソ連戦車設計者の一人、Yu・P・コステンコの主張とも一致する。彼は自分の著作『戦車（戦術、技術、経済）』の中でこう書いている──

「1941年の半ばに我が国の工業は赤軍に、当時世界最高のT-34と

【***】ドイツ戦車ティーガーをテーマにした外国文献の中には、このタイプの戦車を1両破壊するのに、ソ連戦車8両を要したと主張するものがある。このような勝敗比率は、第二次世界大戦を通じて世界の他のどの戦車も達成し得なかった。

47：ドイツ国防軍第6戦車師団と
の戦闘で撃破されたKV-1重戦車。
1941年6月。

48：西部方面軍地区で撃破された
Ⅱ号戦車。1941年9月。

49：ハリコフ郊外で撃破されたⅢ号戦車。1943年2月。

50：バラトン湖の戦いで撃破されたⅢ号指揮戦車。1945年3月。

KVのタイプの戦車を1,861両供給していた。ドイツ軍の武装には乗員数5名のT-Ⅲ戦車［Ⅲ号戦車］1,440両とT-Ⅳ戦車［Ⅳ号戦車］586両が入ってきた（当時のドイツの最良の戦車全2,026両）。ここでT-34は戦闘性能の面でT-Ⅲを（1.5倍以上）上回り、KVはT-Ⅳを超えていた。1941年～1943年にわが国の工業は35,992両のT-34/76とKVを出荷した（この間に全部で49,072両の戦車が生産された）。これらの歳月にドイツとドイツに占領された国々の工業がドイツ軍のために生産した戦車は全種類で13,690両、すなわちおよそ3.6分の1であった。しかしながら、戦場においては国産戦車の数量による優位はなかった。1941年の末、モスクワ郊外でのドイツファシスト軍部隊の攻勢が始まる時点で敵戦車の数の上での優位は、この方面における我が3個方面軍全部よりも2倍であったが、1943年の夏にはソ独戦線全域において（戦車に関して突撃砲も合わせて）1.1倍になっていた。

　ここに挙げたデータからするに、戦車と自走砲の生産数だけで判断し、部隊内で修復された車両を考慮に入れなければ、この種の武装の我々の戦闘損害はドイツ軍の損害を倍以上超えていただろう。その理由は、戦争初期に熟練の指揮官の人材がほぼ完全に欠如していたことと、戦時中の（性急さのゆえに）低かった戦車部隊の人員の訓練度、それにまたT-34/76の要員を決定する際に犯された深刻な"1人分の計算ミス"にあった。第二次世界大戦時のすべてのドイツ戦車はT-Ⅲに始まりT-ⅥBに終わるまで、5名の乗員を有していた。

　この誤算が修正されたのは、85㎜砲を搭載し、乗員が5名（車長、砲手、装填手、操縦手、射撃手兼通信手）からなる改良型のT-34/85戦車が量産され始めた1944年のことであった。こうして戦車長は小隊、中隊、大隊での戦車の戦闘連携を確保し、砲手は戦闘において戦車の武装が持つ可能性を発揮させることができるようになった。戦車の中で求められるのは、いかなる代償を払ってでも最小の乗員数にすることではなく、戦車の戦闘性能を最大限活用するために必要な乗員なのであり、その場合にのみ戦車の損害、したがって人員の損害は最小となるのである」

　既知の通り、ドイツ戦車の設計において特に注意が払われたのは、武装の効果的使用と乗員の作業の便利性を最大限保障することであった。再び、その例としてドイツ戦車ティーガーの射撃制御システムを見てみよう。改めてオットー・カリウスの著書『泥沼のティーガー』を開こう──

「砲塔の旋回は油圧式トランスミッションを使って行われていた。砲手の両足は傾斜ペダルに載っていた。もし彼がつま先で前部を押すと砲塔は右に回り、踵で後部を押すと左に回った。どちらの方向

51：戦車砲による対ティーガー戦車射撃の結果(1)、右側面。1944年。

でも押し方が強いほど、動きはより速くなった。最もゆっくりした動きでは、砲塔の360度旋回に360秒を要した。最速では60秒間であった。このようにして、極めて正確な照準が保障されていたのである。熟練の砲手はその後に手動で調整する必要がなかった。

　砲は電気発火式トリガーがあれば、射撃をするには指で軽く引けば十分であった。これによって撃発時に避け難いガク引きを防ぐことができた」

　戦争初期の戦車乗員の訓練に関しては、ソ連軍の戦車兵たちはドイツ軍のほうが良く訓練されていることを指摘していた。V・P・ブリューホフの回想にはこうある——

　「……教育基盤は甚だ脆弱であったと言わねばならない。私は戦後にオーストリアでドイツの教育施設を見た。もちろんそれは、はるかに優れていた。例えば、我々の砲撃用標的は固定式で、機銃射撃用標的は出没式であった。出没式とはどういう意味なのか？ それは、塹壕に兵が坐り、電話がつなげられ、それを通じて彼に『見せろ！　下ろせ！』と命令されるのである。標的は5〜6秒間現れるように定められていたが、ある兵は長めに、また別の兵は短めに支えていた。ドイツ軍には演習場にブロックシステムが設置され、1個の輪で操作でき、砲の標的も機銃の標的も動かすことができるものであった。輪は手で回し、しかもこの輪の回転速度に標的の現れる時間の長さが左右されていた。ドイツ軍の戦車兵たちのほうが良く訓練され、彼らと戦場で遭遇するのはとても危険なことであった。というのも、私は学校を修了するまでに撃ったのは、砲弾3発と機銃弾倉1個であったのだ。果たしてこれが訓練であろうか？　我々はBT-5の運転を少し教えられた。発進、直進——という、イロハを教えられた。戦術に関する授業もあったが、主に『戦車模擬歩行』

52：戦車砲による対ティーガー戦車射撃の結果(2)、左側面。1944年。

であった。そしてようやく最後になって、『戦車小隊進撃』の模範教練があった。これですべてなのだ！　我々の訓練度は非常に低かったが、もちろんT-34の機械的側面の知識は悪くはなかった」

ヴァシーリー・パーヴロヴィチ・ブリューホフの言葉を証明するものとして、ドイツ第24戦車師団の活動に関するマルコフスキーSS大尉の報告の一部を紹介しよう。同師団の編制には突撃砲が含まれ、この報告は1943年11月のクリヴォイ・ローグ地区における行動についてのものであった――

「大隊は9日間にわたって厳しい戦闘を行ってきた。この間、184両の敵戦車と87門の対戦車砲、26門の野砲が機能を失った。我が方の全損はわずか4両の自走砲であった。撃破した戦車のほぼすべてはT-34であったが、ロシア軍の15cm自走砲も数両を撃破した。ロシア軍に対する優位は、技術面の優位ではなく、乗員のより優れた訓練とより優れた中隊指揮、それに大隊全兵力の大々的な運用によって達成された」

赤軍部隊の中における戦闘車両の熟練乗員の存在という点では、これに否定的な役割を果たすことになったのは、ソ連軍の司令部が非常にしばしば、とりわけ戦争の初期において"乗り馬のない"戦車兵たちを、ただの歩兵同然に戦闘に投入していたことも挙げられる。戦争末期には状況は良い方向に変わったが、最後の日々までドイツ軍の戦車兵たちは、訓練度に全般的な低下はあったものの、恐ろしい敵であり続けた。

■生存の"カギ"

オットー・カリウスは回想の中で常に、ソ連軍の戦車隊員たちがハッチを完全に閉め切って戦闘に向かっていたと指摘している。実

際のところは、赤軍戦車部隊の中にこのような状態が見られたのは、司令部が戦車兵たちに対してハッチを閉めて戦闘に入るよう要求していた開戦当初の時期だけである。しかし、ソ連戦車部隊の上級指揮官層［大隊長以上］が、戦車の中で焼かれるということがどういうものであるのか自ら体験すると、戦闘前のハッチ閉鎖に関連する厳しい規則はすべて廃止された。とはいうものの、戦車兵たちは開戦当初でさえやはりハッチを半開きにして戦闘をしていた——生命のほうが大切だったからだ。その上、何種類かのソ連戦車の砲塔ハッチの構造がそうさせてもいたのである。例えば、T-34中戦車初期型の一枚式の大型砲塔ハッチの構造は明らかに失敗作だった——重たいハッチの蓋は敵の砲弾が当たるとしばしば変形してつっかえてしまい、乗員たちの救助が困難となっていた。

　T-34の上に新しい構造のハッチ（六角形のいわゆる"ボルト"）が登場すると、車長と装填手はそれぞれ自分の乗降ハッチを持つことになり、状況が改善された。ソ連戦車の乗員たちは従来通りハッチを閉めて戦闘に入っていたが、ハッチをロックしないようにしていた。しかも彼らは、兵隊なりの知恵を働かせて、戦車炎上の際にはなるべく速やかに搭乗車を離れることができるようにあらゆる工夫を凝らしていた。例えば、ズボンのベルトの一端を砲塔ハッチの鉤に結び付け、もう片方の端を砲塔内で弾薬を支えている掛け金に巻き付けていた。戦車がやられたときに、戦車兵が自分の頭でハッチを突き上げると、ベルトが跳ね上がって、彼は炎上する戦車から素早く離れることができるのだ。両開き式ハッチを有する戦車や自走砲では、通常はハッチがスプリング式のフックで閉められていたが、乗員たちはスプリングを外してフックだけを残していた。というのも、必要な際にこれを開けるのは、負傷者はおろか、十分健康な者でも非常に難しかったからだ。だが、スプリングを外しても尚、ハッチは空いたままにしようと努めていた。

　T-34中戦車とT-70軽戦車、それにこれらをベースに作られたSU-76自走砲の操縦手たちは、自分のハッチを掌で半開きの状態に保とうとしていた。そうすることで、敵弾が搭乗車に命中した際、迅速に車両から脱することが可能になるからだ。このほかにも操縦手たちは自分のハッチから密閉装置を取り外し、蓋の自動ロックには紐を結び付けていた。操縦手の両腕がやられた場合でも、紐は口にくわえて引っ張ることもできる——平衡装置がハッチを上に開くからである。

53：ソ連軍戦車隊に撃破された
Ⅴ号戦車。予備の履帯を砲塔の
増加装甲にしているが、弾丸はそ
のあいだに命中し、貫徹している。
1945年2月。

夕焼けに戦車の戦いは終わり
エンジンの轟音とともに
遠くで燃え尽きるパンター……
飛んでいく
紺碧の大空を
漆黒の大地の上を
やがて墜ちかかる
松の梢に
ベニヤの星が……

セルゲイ・オルロフ『たたかいの後』より

第2部
ソ連軍のエースたち
ЧАСТЬ 2──АСЫ КРАСНОЙ АРМИИ

　赤軍内には戦車のエースたちがはるかに少なく、戦果の数もより少なかった。しかしそれは理解可能なことである。戦車兵の訓練にソ連軍が割いた配慮は、ヒットラーのドイツ国防軍よりも少なかった点は認めねばならない。それに、ソ連軍部隊における戦果の集計には、ドイツ軍のような緻密さも几帳面さもなかった。だからソ連戦車兵たちの戦場での活躍は、ドイツ軍の戦車エースたちの成果に比べてあまり知られていないのである。

　ソヴィエト連邦、そして後のロシアでは、戦車エースについて語られることが非常に少ない。よく知られている通り、ソ連において名誉と敬意を集めたのは主としてパイロットたちであった。その一方で、戦車を含む他の兵種、兵科の部隊は不当にも日陰に置き忘れられている。多くの人々がパイロットのコジェドゥープ［合計330回戦闘出撃し、120件の空中戦に参加、62機を撃墜した戦闘機パイロット。ソ連邦英雄、空軍大将まで昇級］やポクルイシキン［合計600回以上戦闘出撃し、156件の空中戦に参加、59機を撃墜した戦闘機パイロット。ソ連邦英雄、空軍元帥まで昇級］の名前は知っているが、優秀な戦車兵や砲兵、歩兵もしくは狙撃手の名前を一人でも、誰か挙げることができるだろうか？

■無名のプロフェッショナルたち
　──戦車とは集団で扱う兵器である

　最近は、ソ連が大祖国戦争でドイツに勝利できたのは多大な犠牲を払った上でのことであり、実質的には戦い方を知らなかったのだ、と語ることが流行となっているが、まったくその通りだったわけではない。赤軍にはドイツの軍事マシンの最強の打撃を制止するだけでなく、敵を押し返し、そして決定的、壊滅的な敗北を舐めさせることのできた戦士や指揮官たちが登場したのである。

　大変惜しいことに、彼らの多くの名前が不当にも忘れられている。戦車兵たちも例外ではない。ここで言っているのは誰か具体的な戦車エースのことではなく、ときに自らの任務において正真正銘のプロであった戦車乗員たちのことである。明らかな通り、戦車とは集団で扱う兵器であり、戦闘における成果、そして一番大事な生死は、乗員全員の連携の取れた行動にかかっているからだ。そのことが如実に分かる例として、第2親衛戦車軍第49親衛戦車旅団の中

54：ベルリン市街を進むIS-2戦車の縦隊。1945年5月。（ASKM）

55：警報で自分の戦闘車両の配置に就くT-34/76中戦車の乗員たち。1943年冬。これらの戦車はⅢ号戦車とⅣ号戦車を相手に戦うことはできたが、ティーガーやパンターに対しては近距離から行動するほかなかった。（ASKM）

73

56

Наиболее уязвимая поверхность лобовой части немецкого танка
/.заштриховано/.

56：ソ連戦車隊から猛射を浴びた38(t)戦車。西部方面軍地区、1941年7月。写真上部には「ドイツ戦車の最も脆弱なる表面（[斜めの]線影部分）」とある。

でT-34/85に乗って戦った戦車兵S・S・マツァプーラの回想を引こう——

「私はすでに、エールキン上級軍曹が旅団内で常に戦車砲射撃のスナイパーとして勇名を馳せていたことを語っている。今、彼が再び私たちの乗員に加わってから、この点に一度ならず納得させられるチャンスに恵まれることになった。ゴールノフ市を巡る戦いでは彼は約2kmの距離からファシストの観測員たちを工場の煙突の天辺から叩き落した。私たちがバルト海のシュチェチン湾に駆けつけたときは、遠くにヒットラーの兵士たちを満載した2艘の自走式艀（はしけ）が進んでいた。エールキンは両方の船を砲弾4〜5発で沈めた。どうやらそのうちの1艘は弾薬を運んでいたようで、爆発の威力が大きかった。その同じ日に私たちは射撃でファシストの重高射砲中隊1個を鎮圧した。それは岸が切り立った運河の奥深くにあり、そこに手を延ばすには戦車砲による射撃以外になかった。コーリャ［エールキンの名＝ニコライの愛称形］はそれをまさしく芸術的にやってのけた。彼の砲弾は1発1発、次々と高射砲陣地に正確に命中していった。ヒットラー兵たちが高射砲の砲身を下げて私たちに対抗射撃をしようと狙いを定めているのが見えた。だがエールキンは、彼らに1発の射撃も許さなかった。5分間に彼は中隊陣地をきれいに片付けたのである。生き残ったファシストたちは無我夢中に逃げ回った。

——ほーら、ご覧の通り！——エールキンは言った。——兵隊どもは戦力を失った。今度は砲の番だ。どう撃てとお命じになりますか？　砲身をざっくり切り落としますか？　それともぶら下げて差し上げましょうか？

——もったいぶりやがって、ニコライ・アレクサンドロヴィチ［エールキンの名と父称（父親の名に由来するミドルネーム）を続けて、一般的には日本語の〜さん・様に通じる丁寧な呼びかけ方であるが、ここでは部下エールキンの優秀さに敬意を込めている］。俺だって元砲兵だ。何が可能かそうでないか知っているぞ。

彼は黙ったまま戦車砲の俯仰、旋回装置を調整し、発射した。それでどうなったとお思いだろうか？　砲弾は高射砲の砲身をちょうど真ん中に切り込み、砲身は折れた樹木の上端のようにぶら下がったのである」

しかもこれが唯一のケースではないのだ。戦車軍中佐のP・T・ペトレンコは次のように振り返る——

「特に記憶に残っているのがノシチェンコ中尉の話だ。彼はすでにクルスク戦線において平原でティーガーとの一騎打ちをして、これに勝利している。彼の操縦手はそのときレオニード・バリーツキー（ソ連邦英雄の称号が彼に授与されたのは1944年1月10日である：

著者注）であったが、鉄芯破甲弾は使い切ってしまった。ティーガーを徹甲弾で完全撃破するには距離400〜500m以内にまで接近することが求められた。そこで接近に向かった。

　ティーガーはすでにその場から射撃を始めたが、バリーツキーとノシチェンコは連携して整然とした行動をとった。ティーガーが射つや否や、その鉄塊はすぐ傍でヒューッと唸りたてる。ノシチェンコは停車命令を出す――『一時停車！』。ファシストたちが砲に装填し、再び34式を照準に捕らえようとしている間にわが方の発射音が轟き、T-34はまたもや向きを変えながら矢のごとく疾駆する。この一騎打ちを傍から見たならば、恐らくありえない比喩が頭に浮かんだかもしれない――すなわち、戦車が"［社交］ダンスを踊っている"かのように思われただろう。さて、距離を3,000mから500mに縮めたノシチェンコは、敵戦車の砲塔に砲弾の楔を打ち込み、近距離から徹甲弾をその側面に撃ち込んだ」

　当然のことながら、戦闘で目立った活躍をしたソ連戦車兵たちについて全員、本書の限られた紙数のなかで語るのは不可能である。存在する資料は基本的に、1回の戦闘において破壊された敵戦車の数量に関するものだ。そこでは敵の戦闘車両を5両以上葬った戦車隊員たちについての記録がより多く紹介されている。ただし、戦車を1両でも撃破すれば、ときにはそれがまさに功績であった。しかも、ソ連軍の戦車隊員たちが軽戦車に乗って戦っていた場合には殊にそうであった。もっとも、撃破した戦車の数がいつもこのように重要だったわけではない。なぜなら、ソ連軍の戦車兵たちは祖国の大地を守り、なし得る限りの戦いをしたからである。このほかに、それこそ本当に語らぬわけには行かない2つの戦車襲撃についても取り上げられている。

■大祖国戦争のトップエース――ドミートリー・ラヴリネンコ

　赤軍の戦車エースNo.1とされているのは、第4（第1親衛）戦車旅団の中で戦ったドミートリー・ラヴリネンコである。大祖国戦争の始まりをラヴリネンコ中尉は、第15戦車師団小隊長の肩書きでまさに国境で迎えた。同師団は西ウクライナのスタニスラフ市（現イヴァーノ・フランコーフスク市）に駐屯していた。すでに緒戦において、師団仲間で戦友のアレクサンドル・ラフトプーロ上級中尉の言葉によると、ラヴリネンコは10両を下らぬドイツ戦車を破壊していた。

　再びラヴリネンコが活躍するのはムツェンスク市攻防戦においてであった。このときミハイル・カトゥコフ大佐の第4戦車旅団は、ハインツ・グデーリアン大将指揮するドイツ第2戦車集団の猛攻を撥ね返していた。1941年10月のピエルヴイ・ヴォーイン村地区で

57：戦闘の合間のドミートリー・ラヴリネンコと、彼のT-34/76中戦車乗員たち。
1941年秋。（著者所蔵）

Герои и подвиги

БОЕВЫЕ ЭПИЗОДЫ ВЕЛИКОЙ ОТЕЧЕСТВЕННОЙ ВОЙНЫ

Грозный счет старшего лейтенанта Лавриненко

По всему фронту гремит слава о катуковцах — героических танкистах I Гвардейской танковой бригады генерал-майора Катукова. Никогда не отступать! Принимать бой с любым противником! Действовать всегда храбро, решительно и внезапно! Громить проклятого немца всюду, где бы он ни показался! Таковы неписаные законы славных танкистов-гвардейцев.

С любовью и гордостью называют в бригаде имя старшего лейтенанта Лавриненко. Далекий Армавир может гордиться своим сыном. Не раз Лавриненко смотрел в глаза смерти, не раз бывал в самом трудном, казалось, безвыходном положении, но всегда побеждали его храбрость и мастерство.

Каждый бой — это напряжение всех физических и моральных сил бойца: побеждает тот, у кого больше выдержки, стойкости и умения. На каждого танкиста в бригаде Катукова ведется счет его боевых дел. Записи эти немногословны. В восьми боях — с 6 октября по 9 декабря — экипаж лейтенанта Лавриненко уничтожил 40 немецких танков. Не было случая, чтобы Лавриненко не побеждал. Он сын великой отчизны. И разве могут против него, храбрейшего из храбрых, устоять вшивые гитлеровские молодчики, разнузданная орда, брошенная кровавым Гитлером против нашего великого народа!

Товарищ Сталин призвал свести к нулю превосходство немцев в танках. Танкист-гвардеец Лавриненко отлично выполняет этот сталинский наказ. Равняйтесь по Лавриненко, дорогие друзья — советские танкисты! Слава ему!

58：1941年の秋に発行されたD・ラヴリネンコの戦車乗員たちの功績を物語るビラ。(ASKM)

●1941年秋発行『D・ラヴリネンコ戦車乗員たちの功績』(ASKM)の内容

Герои и подвиги
（上段イラスト内の見出し：英雄たちと功績）

БОЕВЫЕ ЭПИЗОДЫ ВЕЛИКОЙ ОТЕЧЕСТВЕННОЙ ВОЙНЫ
（上段イラスト下の見出し：大祖国戦争の戦闘エピソード）

Грозный счет старшего лейтенанта Лавриненко
（記事の見出し：ラヴリネンコ上級中尉の轟きわたる戦果）

（本文）
　前線いたるところにカトゥコフ隊員たち──カトゥコフ少将の第1親衛戦車旅団戦車兵の英雄たちの栄光が轟いている。決して撤退するな！　いかなる敵とも戦え！　忌々しい敵はどこに現れようと撃滅せよ！これが、栄えある親衛戦車兵たちの不文律である。
　旅団内では親愛の情と誇りを持ってラヴリネンコ上級中尉の名前が呼ばれている。遠いアルマヴィール［ロシア南部クラスノダール地方クバン河沿いの都市］は土地の子供を誇りにすることができよう。一度ならずラヴリネンコは死の危険に直面するも動じず、一度ならず絶体絶命かと思われる困難な状況に置かれたが、常に彼の勇気と巧みな腕が勝利してきた。
　戦闘は一つひとつ、戦士の体力と精神力を緊張させ、忍耐力と不屈さと技能が上の者が勝つのだ。カトゥコフ旅団では戦車兵一人ひとりについてその戦果が記録されている。それらの記録は言葉少ない。8件の戦闘──自10月6日至12月9日──ラヴリネンコ中尉クルー、ドイツ戦車40両破壊。ラヴリネンコが勝たないということは一度も無かった。彼は偉大なる祖国の申し子である。勇者の中の勇者たる彼に対してヒットラーの走狗たちが、我らが偉大なる人民に対して血にまみれたヒットラーが放った放埓な大群が、果たして持ち堪えることができようか？
　スターリン同志は、戦車におけるドイツ軍の優位を無にするよう呼びかけた。親衛戦車兵ラヴリネンコはこのスターリンの命令を見事に遂行している。ラヴリネンコに倣え、親愛なる友よ──ソヴィエトの戦車兵たちよ！　彼に栄光あれ！

　戦闘でラヴリネンコ率いる戦車小隊は、ドイツ戦車が陣地にほとんど突入しつつあった迫撃砲中隊を救出した。戦車操縦手のポノマレンコ上級軍曹の話に耳を貸そう──
「ラヴリネンコは私たちに言う──『生きて帰れなくとも迫撃砲中隊は救い出すぞ。分かっているなーッ？　前進ー！』
　丘に進むと、そこではドイツ戦車たちが犬のようにうろつき回っている。私は停車した。ラヴリネンコが撃てー！　と叫ぶ。重戦車に対してだ。その後炎上する2両のわが軍のBT軽戦車の間にドイツの中戦車が見えた──そしてこれも撃破した。もう1両戦車が見える──これは逃走しているのだった。発射ーっ！　炎が上がる……。さらにもう3両。その乗員たちは這い出そうとしている。
　300m先に戦車がもう1両見え、ラヴリネンコに指し示すと、彼は──正真正銘のスナイパーだった。2発目の砲弾で、この数えて4両目もやっつけた。それからカポートフときたら、こいつも大したものだ。彼の戦果にも同じく3両のドイツ戦車が加わった。また、ポリャンスキーも1両を葬り去った。
　こうして迫撃砲中隊をも救い出したのだ。一方、自分たちのほうはと言えば、──これが1両の損害もなかった！」
　二度ソ連邦英雄の称号を受けたD・D・レリュシェンコ上級大将は自著『勝利の夜明け』の中で、ドミートリー・ラヴリネンコ中尉がムツェンスク郊外での戦いで採用したある戦法について述べている──
「ドミートリー・ラヴリネンコが配下の戦車を入念に偽装し、見た目が戦車砲に似た丸太を陣地に設置したのが、私の記憶に残っている。それも、徒労ではなかった──ファシストたちが偽の目標に対して銃砲火を開いたのだ。ヒットラーの兵たちを有利な距離まで進ませて、ラヴリネンコは待ち伏せ場所から圧殺的な砲火を浴びせかけ、戦車9両と砲2門を破壊し、多数のヒットラー将兵を殲滅した」
　1941年10月11日現在のラヴリネンコの撃破記録には、敵戦車16両と対戦車砲1門、2個小隊規模のドイツ軍歩兵があった。しかしながら、D・ラヴリネンコ麾下の乗員たちがムツェンスク攻防戦で完全に撃破したドイツ戦車の数については、いまだに正確なデータがないのである。1948年に出版されたYa・L・リーフシッツ著『モスクワ防衛戦の第1親衛戦車旅団』には、ラヴリネンコの記録にあったのは戦車7両と書かれている。D・D・レリュシェンコ上級大将は、ムツェンスク地区のズーシャ河に掛かる鉄道橋の防衛だけでも、ドミートリー・ラヴリネンコの乗員たちは6両のドイツ戦車を全壊させたと主張する（ちなみに、同じくこの橋の防衛に参加したイワン・ラーコモフ上級ポリトルーク［上級中尉クラスの政治将校の階級名］の戦車乗員たちは、ドイツ戦車を4両撃破した）。また別の資料は、

ラヴリネンコ中尉とカポートフ上級軍曹のT-34が、橋を伝っての第4戦車旅団の撤退を掩護していた彼ら自身の大隊長、ヴァシーリー・グーセフ大尉の搭乗する戦車を助けにやって来たことを伝えている。戦闘の過程でラヴリネンコとカポートフの戦車乗員たちが完全に撃破できたのはそれぞれ1両ずつで、その後敵は攻撃を中止した。他方、ムツェンスク郊外の戦いでドミートリー・ラヴリネンコは19両のドイツ戦車を撃滅したとの見方もある。

　1941年10月19日、ラヴリネンコの戦車はただ1両だけでセルプホフ市をドイツ軍の侵攻から守り抜いた。彼のT-34は、マロヤロスラーヴェツから街道を伝ってセルプホフに進撃していた敵の機甲縦隊を殲滅した。1941年11月17日はルイスツェヴォ村から程遠くないところで、すでに上級中尉となっていたラヴリネンコのT-34とBT-7各3両からなる戦車隊は、18両のドイツ戦車と交戦した。ラヴリネンコ隊はこの戦闘で7両の敵戦車を撃滅したが、自らもBT-7を2両全損し、さらに2両のT-34が部分撃破された。翌日、今度はラヴリネンコの戦車1両のみがシーシキノ村に続く街道で待ち伏せし、またもや18両編成のドイツ戦車縦隊との戦いに入った。この戦闘でラヴリネンコは6両のドイツ戦車を破壊した。1941年11月19日、グーセネヴォ村でラヴリネンコは第316狙撃兵師団長のI・V・パンフィーロフ将軍の戦死を目撃する（D・F・ラヴリネンコはパンフィーロフの死をやや後に知ったとする他の資料もある：著者注）。このとき街道には8両のドイツ戦車が姿を現した。彼のT-34は即座に敵戦車との格闘にかかり、ラヴリネンコは7発の砲弾でドイツ軍の戦闘車両を7両破壊することに成功した。8両目は慌てて撤退した。ほぼこの直後に10両のドイツ戦車からなる縦隊がもう1個現れた。今度はラヴリネンコの射撃が間に合わなかった——砲弾が彼のT-34を貫通し、操縦手と射撃手兼通信手が殺害された。

　従軍記者のI・コズロフは、モスクワ郊外でのソ連軍部隊の反攻が始まったばかりのときにラヴリネンコと知り合い、話をすることができた。戦後になってコズロフはこの出会いについて少し触れている。その一部をここに紹介しよう——

「——我々は救出に向かった、——ラヴリネンコは語る。——ドイツ軍との正面衝突とは——、一体なんていうことだ。我が方の車両は6両、奴らには5倍以上ある。我々は待ち伏せて行動した。それもかなり首尾よくいった。

　私は"かなり首尾よくいった"という言葉に私の話し相手がどういう意味を込めているのかを確かめたくなって、その戦闘でファシストの車両を何両、彼が相手にせねばならなかったのか訊ねた。

　——私は戦車を6両撃破した。
　——6両?

塗装とマーキング

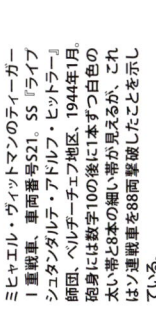

ミヒャエル・ヴィットマンのティーガーI重戦車。車両番号S21。SS『ライプシュタンダルテ・アドルフ・ヒットラー』師団、ベルチチェフ地区、1944年1月。砲身には数字10の細い帯が1本ずつ白色の太い帯と8本の細い帯が見えるが、これはソ連戦車を88両撃破したことを示している。

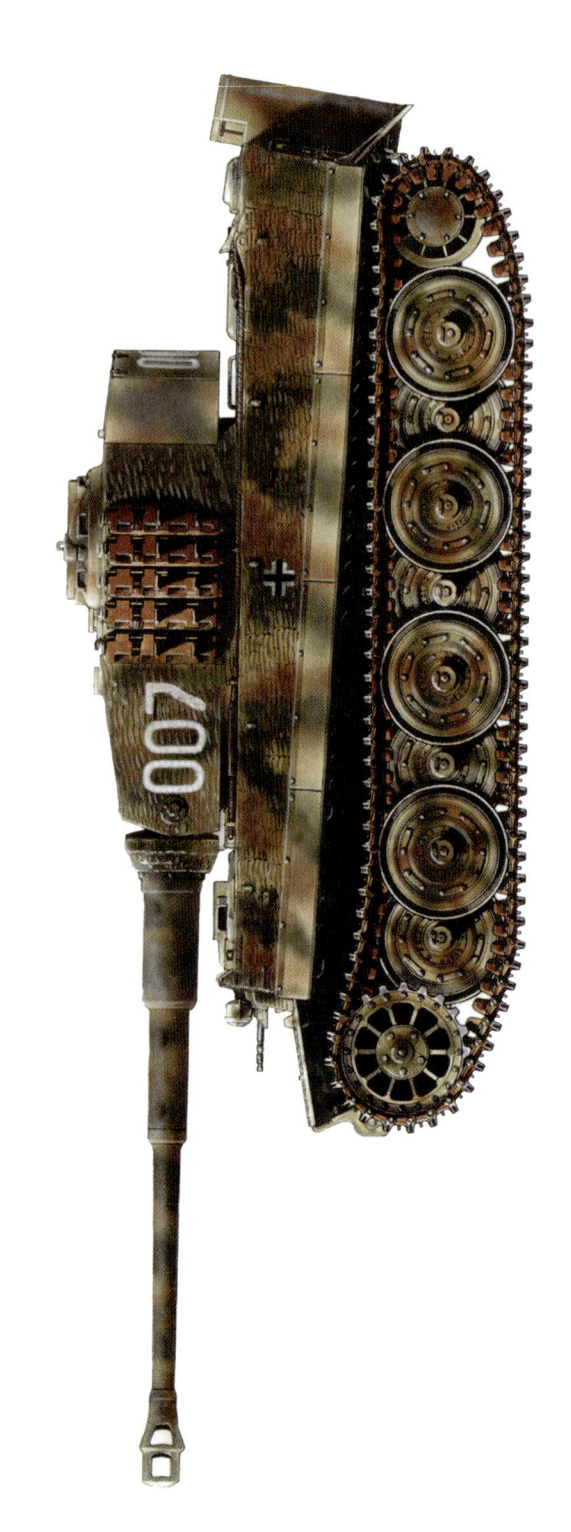

ミヒャエル・ヴィットマンのティーガーI、SS第101重戦車大隊所属の車両番号007。ノルマンディ、1944年8月。この戦車の中で栄光のエースと乗員たちは戦死した。

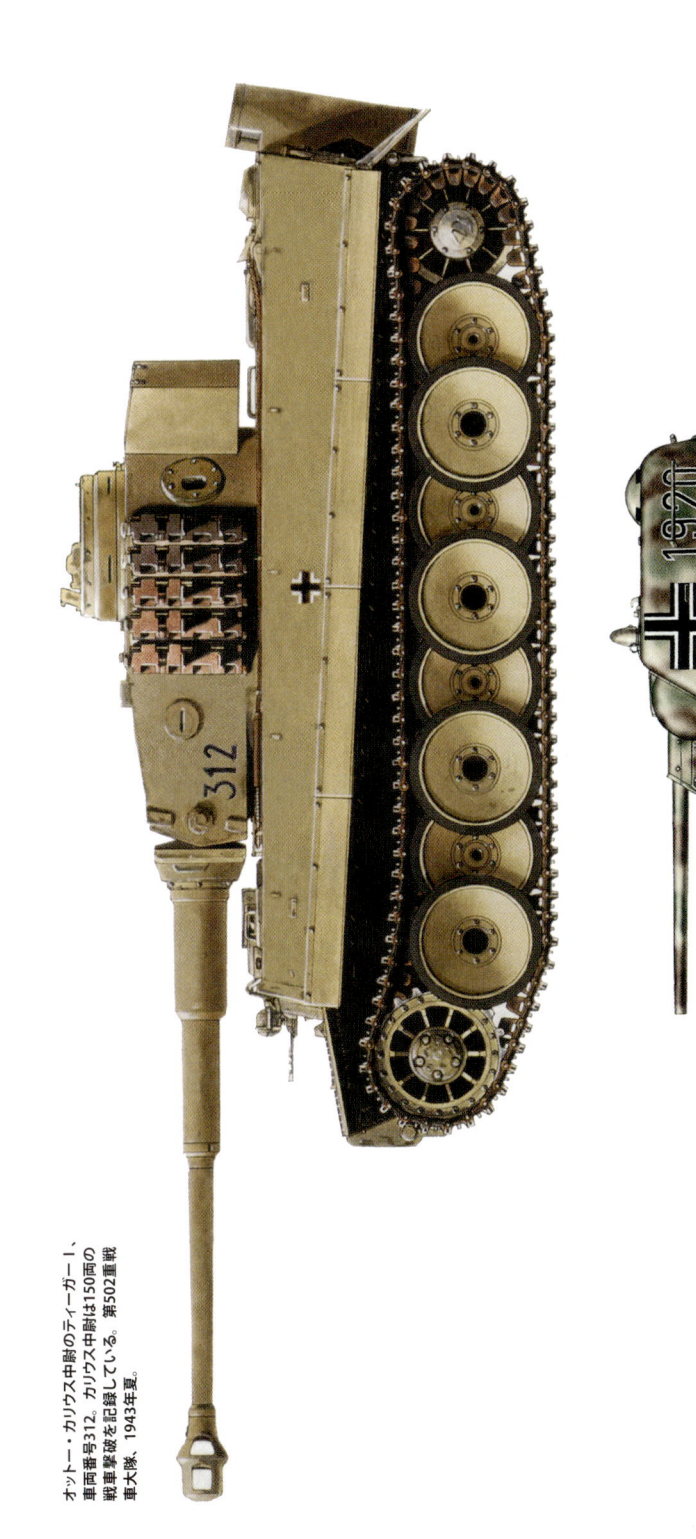

オットー・カリウス中尉のティーガーI。車両番号312。カリウス中尉は150両の戦車撃破を記録している。第502重戦車大隊。1943年夏。

SS『ダス・ライヒ』師団編制下の鹵獲T-34/76中戦車。クルスク戦線。1943年7月。この戦車には、69両のソ連戦車を撃破したエミール・ザイボルトSS准尉車長が乗っていたものと思われる。

83

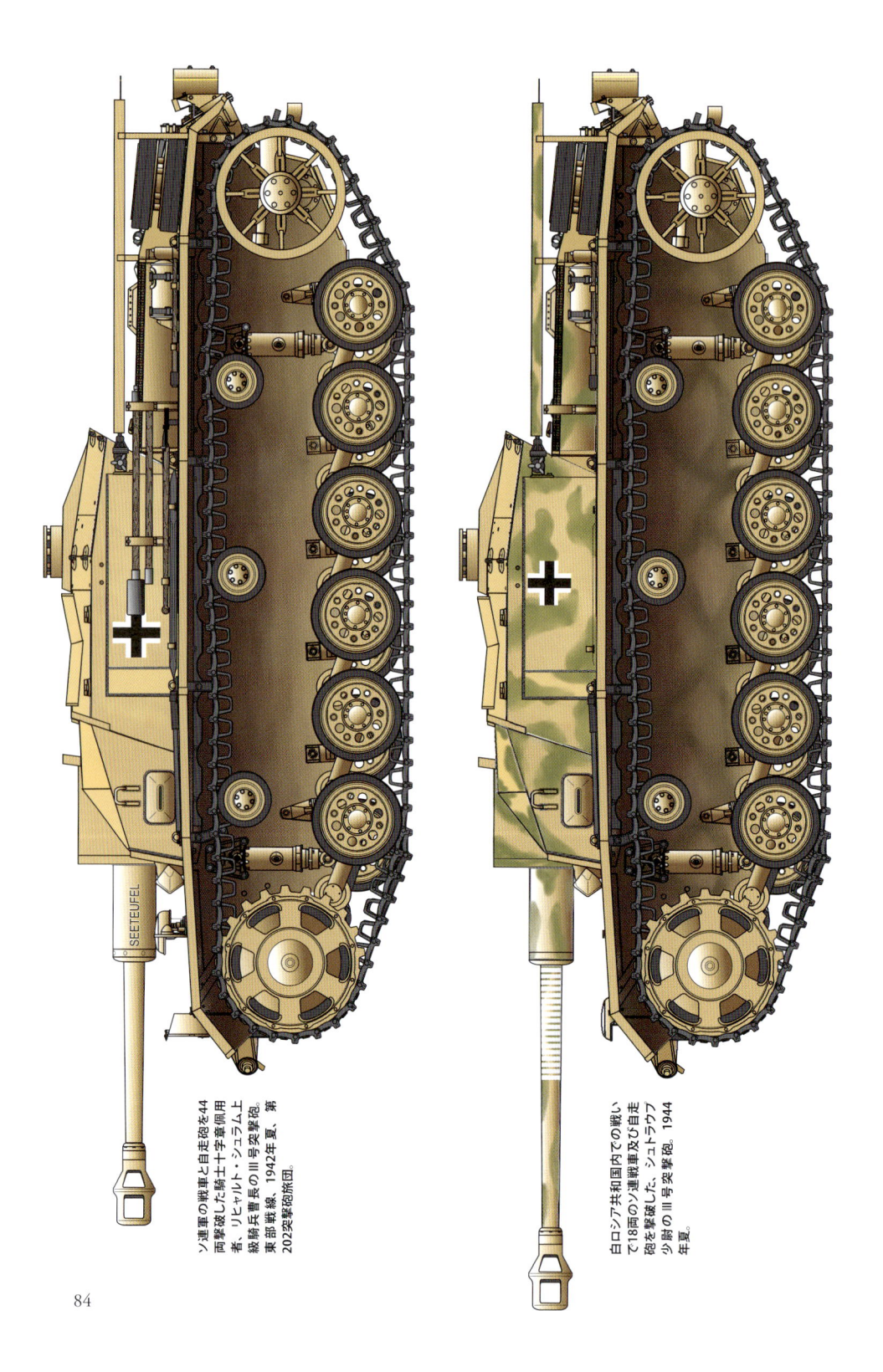

ソ連軍の戦車と自走砲を44両撃破した騎士十字章佩用者、リビャルト曹長のⅢ号突撃砲。上級騎兵曹長のⅢ号突撃砲。東部戦線、1942年夏、第202突撃砲旅団。

白ロシア共和国内での戦いで18両のソ連戦車及び自走砲を撃破した、シュトラウフ少尉のⅢ号突撃砲。1944年夏。

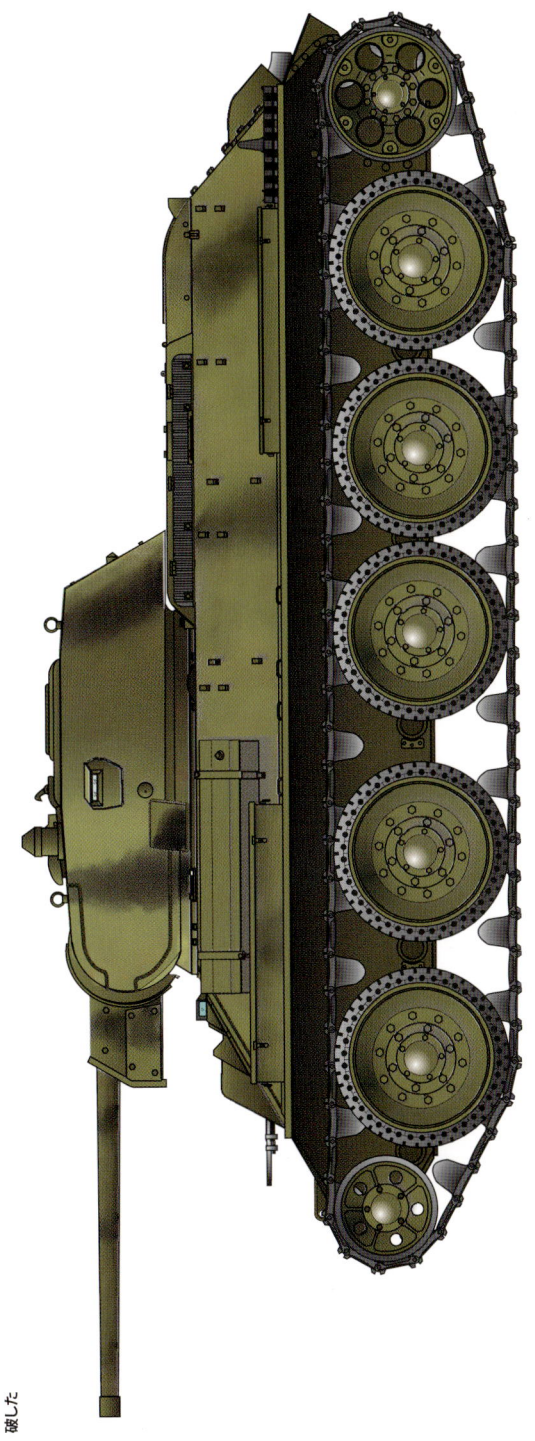

ムツェンスク攻防戦当時のD・ラヴリネンコ中尉のT-34/76中戦車の想像図。第4戦車旅団。1941年10月。ムツェンスク郊外の戦闘でラヴリネンコは16両のドイツ戦車を撃破した

Z・コロパーノフ上級中尉のKV-1重戦車の想像図。その乗員たちは1941年8月19日の戦闘で22両のドイツ戦車を撃破した。第1赤旗戦車師団。クラスノグヴァルデイスク地区（現レニングラード州ガッチナ市）。

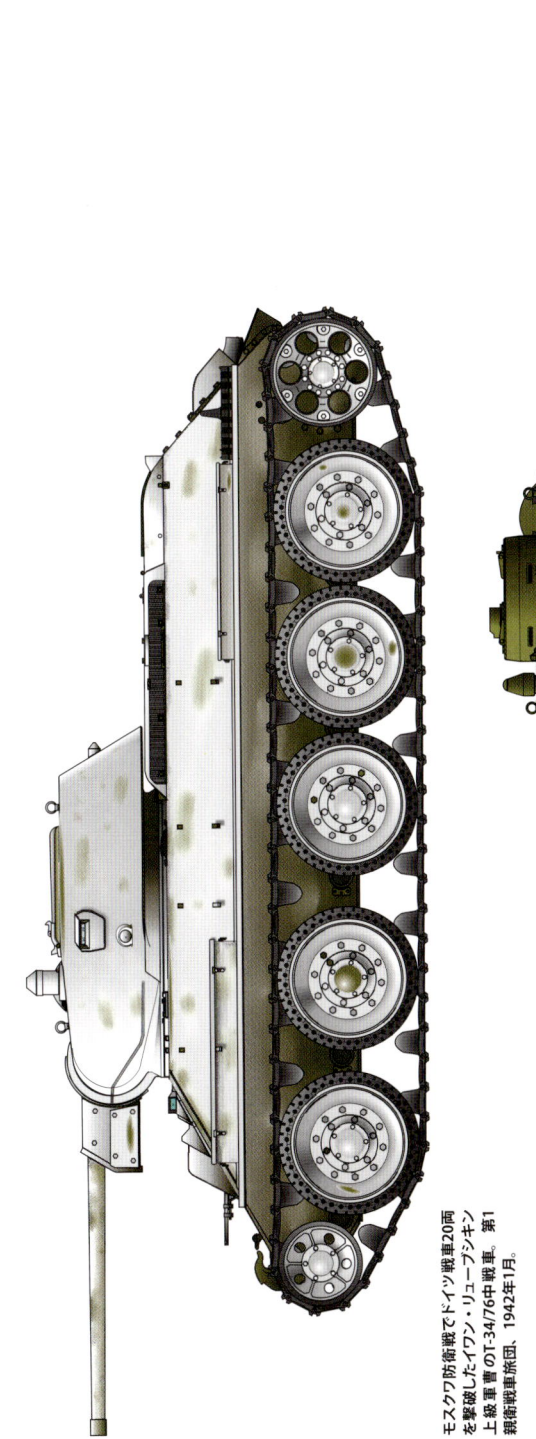

モスクワ防衛戦でドイツ戦車20両を撃破したイワン・リューブシキン上級軍曹のT-34/76中戦車。第1親衛戦車旅団、1942年1月。

フリードリホフカ市（現ベラルーシ・ヴォロナースク市）を巡る戦闘で3両のティーガーを撃破したソ連邦英雄、G・S・チェサーク中尉のT-34/76中戦車。第10親衛戦車軍団、1944年3月。

87

第10親衛戦車軍団第63親衛戦車旅団所属、A・I・ドーノフ親衛中尉のT-34/76中戦車『グヴァルヂヤ』。1944年7月。1944年7月22日、この戦車が真っ先にウクライナ共和国西部のリヴォフ市中心部に突入した。砲塔に朱書された『グヴァルヂヤ』は親衛（隊）の意味。

白ロシア共和国の首都ミンスクに最初に突入したソ連邦英雄、D・G・フローリンコフ親衛少尉のT-34/85中戦車『チェルヴォンヌイ』。第2親衛戦車軍団第4親衛戦車旅団。1944年7月。それまでの戦闘でこの戦車の乗員たちは、戦車2両と上る砲3両、100台にとる自動車2両を鹵獲していた。ドイツ軍の司令車を破壊し、火砲3門、100台にとる自動車2両を鹵獲していた。『チェルヴォンヌイ』とはまっ赤な、転じて革命の意味。

88

——そう、6両。それは11月18日のことだった。

　その日は、編集部の指示でラヴリネンコを探していたことを思い出した。彼は笑みを浮かべて言った——

　——あのとき私を見つけるのは無理だったよ。18日も、19日も……。19日はグーセノヴォ村（グーセネヴォ村：著者注）を巡る新たな戦闘があった。この村にはパンフィーロフ将軍の指揮所があったが、ドイツ軍の歩兵はこれを迂回しつつあり、その歩兵を24両の戦車が支援していた。我々が警護していた道路には8両の車両が走っていた。私が7両を撃破すると、8両目は向きを後ろに変えた」

　1941年12月5日にドミートリー・ラヴリネンコはソ連邦英雄受章候補に推された。彼の記録には47両の撃破戦車があった。ところが、ラヴリネンコが叙勲されたのはレーニン勲章のみであった。しかも、叙勲式が行われるときには、彼はすでに生きていなかった。

　彼自身にとって最後となる52両目の戦車をラヴリネンコが撃破したのは、ヴォロコラムスクへの進入路における1941年12月18日の戦闘であった。この日、赤軍の最も戦果の多い戦車兵は、迫撃砲弾の飛翔破片をこめかみに受けて戦死した。

　ラヴリネンコは28回もの戦車戦に参加し、三度も戦車の中で焼かれ、最終的に52両もの戦車を撃破した。もちろん、ラヴリネンコの戦果の数はドイツ軍の戦車エースたちと比べてそれほど多くはない。しかし、戦果の多いドイツ戦車エースたちのほとんど全員が大戦の最初から最後まで戦ったのに対して、ラヴリネンコは52両の戦車をわずか2カ月半の激戦において倒したのである。

　ラヴリネンコは1941年型のT-34/76戦車に乗って戦ったが、それらはT-34のすべての派生型と同じく76mm砲を搭載し、車長と照準手の役割は1人の人間——戦車長が果たさなければならなかった。ドイツのティーガーとパンターにあっては、車長は戦闘車両を指揮するだけで、別個の乗員——照準手が戦車砲の射撃を行う。車長はまた、照準手を補助もするため、敵戦車との格闘を最大限有効にすることができた。それに、T-34初期型の視察装置、照準器、全周視察は、かなり後から登場したティーガーやパンターに比べてはるかに性能が劣っていた。

■疑われた戦果

　運命の皮肉だろうか、ソ連邦英雄の称号がドミートリー・ラヴリネンコに授与されたのは、ようやく1990年のことであった。それでも尚、彼に対する攻撃は今日に至るも収まらない。上級中尉がモスクワを守りつつ戦死したのが、遠い1941年のことだったにもかかわらずだ。ラヴリネンコの戦果はすべて、スターリン式プロパガンダの産物に他ならないとされているからである。曰く、そのよ

うに戦うことは我々にはできなかったし、その技もなかった、というのだ。ボリス・ソコロフはその著書『第二次世界大戦の秘密』の中で、ラヴリネンコの52両という戦果に大きな疑問を呈している。彼はそれにあたって、元指揮官のM・E・カトゥコフ戦車軍元帥の主張を引いている。カトゥコフは十分理解できる理由から、第二次世界大戦の最も勝率の高い戦車兵をラヴリネンコだとしていた。もちろん、カトゥコフは（またもや十分理解しうる理由で）ヴィットマンや他のドイツ戦車エースたちについて知るはずがなかった。B・ソコロフはまた、赤軍にはミヒャエル・ヴィットマンのような戦車兵がただただ存在せず、また存在しえなかった、と見なしているのだ。ソコロフにとって気に入らないのは、ラヴリネンコが最後に葬った戦車が"重戦車"だった事実である。だが赤軍の多くの戦闘関係文書においては、ドイツのPz.Ⅳ（Ⅳ号戦車）は戦時中ずっと中戦車ではなく、重戦車と位置づけられていた。また、ボリス・ソコロフはソ連共産党機関紙「プラウダ」の特派員記者で、大祖国戦争中にカトゥコフの戦車兵たちの話を書いたユーリー・ジューコフ記者の言葉を引用している。同記者によると、あたかもカトゥコフが、ラヴリネンコの破壊した敵戦車は52両ではなく、47両だけだったと主張していたとされる。しかし、ユーリー・ジューコフは自著『40年代の人々』の中で、ドミートリー・ラヴリネンコによって殲滅されたドイツ戦車は47両ではなく、それこそ52両という数を書き残している。先に触れたとおり、ラヴリネンコはすでに1941年12月5日までに47両の戦車を葬り去っていたのである。

　最近、ラヴリネンコの第1親衛戦車旅団の戦友であるコンスタンチン・サモーヒンのほうがより多くの敵戦車を撃破したとの情報が出てきた。それはより細かく言えば、戦車69両と装甲兵員輸送車13両、火砲82門、自動車117台である。実際のところ、これほどの数のドイツ兵器の破壊はサモーヒンだけでなく、彼が6カ月間にわたって指揮していた戦車中隊全体の功績である。今日の時点では、ドミートリー・ラヴリネンコ以上にドイツ戦車を破壊した個人記録を持つ戦車兵は、赤軍の中に1人として見つけ出すことはできない。

　コンスタンチン・サモーヒンはラヴリネンコ同様、第15戦車師団の編制内にあって国境にいたときに戦闘活動を始めることとなった。ラヴリネンコのように、最初はムツェンスク郊外の戦闘で頭角を現し、その後はヴォロコラムスク方面で秀でた活躍をした。1941年11月13日のコズロヴォ村を巡る攻防戦だけでも、彼の戦車乗員たちは戦車6両と対戦車砲3門、迫撃砲2門、野砲1門、機関銃座4基、木造トーチカ10棟、1個中隊規模の敵兵を殲滅した。コンスタンチン・サモーヒンは1942年の2月にスモレンスク州アルジャンカ村の戦闘で戦死した。しかし、ドミートリー・ラヴリネンコ

59：搭乗車T-34/76の傍に並ぶドミートリー・ラヴリネンコ（左端）と乗員たち。1941年秋。（ASKM）

と同じように多くの戦闘で活躍し（30両以上の敵戦車を破壊）、戦車戦の真の名人として登場したにも関わらず、やはりソ連邦英雄の称号は与えられなかった。この件は、大祖国戦争が終わった後も提起されることはなかった。

■KV重戦車のエース

　ラヴリネンコに続くエースは、KV重戦車で戦った戦車兵たちである。この恐るべき戦闘兵器は開戦当初からドイツ軍にとって最も破壊しにくいソ連戦車となった。KV戦車を相手に首尾よく戦うためにドイツ国防軍が持てる唯一信頼できる手段は、88mm高射砲だけであった。開戦当初にドイツ軍が作成した驚くべき文書がある。それは、ある無名のソ連KV戦車の乗員たちが1941年の6月24日から25日の間にドゥビッサ河の渡河施設を如何に防御していたかを伝えており、50両（！）もの戦車と88mm高射砲をもってしてようやく、このスターリンのモンスターを打ち倒すことに成功したようである。しかもドイツ軍の高射砲兵たちは、ソ連KVの息の根を止めるために6発（別の資料では12発）の命中弾を必要とした。第158戦車旅団第2戦車大隊のKV-1重戦車の乗員たちはドミートリー・ショーロホフ上級中尉の指揮の下、1942年6月30日にヴォールチヤ河付近のある戦闘で24両のドイツ戦車を撃滅した。この戦い振りに対してドミートリー・ショーロホフにはソ連邦英雄の称号が与えられた。

　もうひとつ驚異的な戦果を誇るのが、第1赤旗戦車師団所属の戦

60：第158戦車旅団のソ連邦英雄、ドミートリー・ドミートリエヴィチ・ショーロホフ上級中尉。彼のKV-1重戦車は1942年6月30日のヴォールチヤ河の戦いにおいて、一回の戦闘で24両のドイツ戦車を撃滅した。

車中隊長ジノーヴィー・コロバーノフ上級中尉が乗るKV-1戦車の乗員たちである。1941年8月19日、クラスノグヴァルチェイスク（現ガッチナ）市近郊のヴォイスコーヴィツァ国営農場地区で彼らは98発の砲弾を使って、22両の戦闘車両からなるドイツ戦車の縦隊を殲滅した。しかしドミートリー・ショーロホフと違い、ジノーヴィー・コロバーノフにはソ連邦英雄の称号が与えられなかった。彼については、1939年〜1940年のソ・フィン戦争終結後のフィンランド兵たちとの"親交"が思い起こされたからである。この気ままなふるまいによってコロバーノフは大尉から上級中尉に降格され、彼は三度も戦車の中で焼かれたにもかかわらず、すべての勲章を剥奪され、予備役に回された。ジノーヴィー・グリゴーリエヴィチ・コロバーノフは1995年に亡くなったが、彼が守った祖国は、1941年の8月に彼がなした功績に対して然るべく報いる暇はないらしい。

1941年8月19日のクラスノグヴァルチェイスク攻防戦では、コロバーノフ中隊の他のKV戦車たちも奮戦した。ルーガ街道での戦闘ではフョードル・セルゲーエフ中尉の乗員たちが8両のドイツ戦車を、デクチャーリ少尉とラストチキン中尉の乗員たちは各4両、そしてマクシム・エヴドキメンコ少尉の乗員たちは5両を部分撃破した。しかもこのときエヴドキメンコは戦死し、彼の乗員たち3名は負傷したが、5両目の戦車はシーヂコフ操縦手が体当たり攻撃で破壊した。1941年8月19日だけでコロバーノフ中隊は43両ものドイツ戦闘車両の機能を奪ったのである。

　第15親衛戦車旅団のセミョーン・コノヴァーロフ親衛中尉率いるKV-1戦車乗員たちは1942年7月13日のニージニェ・ミチャキー村地区のとある戦闘でドイツ戦車16両（他の資料では19両）と装甲車2両、自動車8台を破壊した。この戦闘に対してS・V・コノヴァーロフは1943年3月31日付でソ連邦英雄の称号を授与された。

　もう1人の戦車戦名人、パーヴェル・グージ中尉についても触れておかねばなるまい。1941年12月5日、第89独立戦車大隊所属の彼のKV-1戦車は18両のドイツ戦車を相手に交戦した。激戦の中でKVは敵の戦車10両と対戦車砲4門を部分撃破した。1941年12月6日のネフォーヂエヴォ村奪還の戦闘について、パーヴェル・グージ中尉はレーニン勲章を叙勲された。1943年の秋、ザポロージエ解

61：1941年8月19日の戦闘で22両のドイツ戦車を撃破した、Z・コロバーノフ中尉のKV-1重戦車の乗員たち。クラスノグヴァルチェイスク（現レニングラード州ガッチナ）地区。(ASKM)

93

放に当たり、有名なドニェープル水力発電所での戦闘で重傷を負った戦車連隊長のグージ中佐（左手の手首から先が吹き飛ばされた）は、乗っていたKVから2両のティーガーを部分撃破することに成功した。

■戦車エースの記録
大祖国戦争初期のエース──1941年6月～
　現在のロシアで大祖国戦争初期の悲劇を振り返るにあたっては、ドイツ軍がソ連領内に入った当初から激しい抵抗に遭遇したことは［あえて］触れられないようになっている。ソ連戦車もまたドイツ軍にとって深刻な脅威であったのだ。1941年6月23日、第47戦車師団第93戦車連隊のソヴィーク中尉はBT-7快速戦車に乗って7回の攻撃に参加し、ドイツ戦車3両と自動車2台、砲3門、200名に上る歩兵を殲滅した。第5戦車師団第9戦車連隊のヴェジェネーエフ上級軍曹は1941年6月25日にBT-7に乗って5両のドイツ戦車と対戦車砲4門を破壊した。

　さらに衝撃的な戦果を挙げたのは、第5戦車師団所属のナイヂン上級軍曹とコプィートフ赤軍兵が乗るBT-7快速戦車である。彼らのベーテーシカ［BT戦車の愛称］は12両（！）ものドイツ戦車を部分撃破した。

　ブレスト要塞の防衛者たちの功績については全世界が知っているが、ドイツ軍に奪取されたミンスクをあるT-28中戦車が1941年7月3日に突破通過したことはあまり知られていない。この車両は戦闘をしながら同市をほぼ全部通過し、占領者たちに大きな損害を与えた。それからちょうど3年後の1944年7月3日、T-28戦車の乗員の一人だったマリコー曹長はすでにT-34の操縦手となっていたが、解放されたミンスクに飛び込み、1941年の夏にミンスクを突破しようとして乗っていた、その大破した自分の戦闘車両を発見することになる。

　大胆さの点でこれと同じくらい驚くべき襲撃を第21戦車旅団の戦車兵たちが敢行したのは1941年の10月のことである。S・Kh・ゴロベツ上級軍曹率いるT-34は1941年10月17日に戦闘をしながらカリーニン市（現トヴェーリ市）を突破通過し、友軍部隊のところに出た。このときT-34はその銃砲撃でドイツ軍に大きな損害を出させ、市内のある通りではドイツ軍の軽戦車を体当たりして破壊した。

　S・Kh・ゴロベツは1942年2月8日にカリーニン州ルジェフ地区ペテーリノ村を巡る戦いで戦死したが、敵の砲3門と機関銃12挺、迫撃砲20門を破壊した。ソ連邦英雄の称号が彼に授与されたのは、同年5月5日になってのことだった（死後追贈）。

62：第21戦車旅団のステパン・フリストフォロヴィチ・ゴロベツ少尉。彼のT-34は1941年10月17日の戦闘でドイツ軍が占領するカリーニン市を駆け抜けて友軍部隊の所へ出た（戦前に撮影）。1942年2月8日戦死。ソ連邦英雄の称号は1942年5月5日に死後受章となった。

二度ソ連邦英雄の称号を受けたZ・K・スリュサレンコ中将はその回顧録に1941年のウクライナにおける戦闘を叙述する中で、自分の大隊の参謀長（当時スリュサレンコは第15機械化軍団第10戦車師団第1大隊を指揮していた：著者注）、アンドレイ・コジェミャチコ上級中尉について語っている。

　テルノーポリ地区での戦闘活動の際にコジェミャチコは、夜毎ドイツ軍が白色照明弾拳銃で友軍戦車を呼び集めていることに気付いた。彼はスリュサレンコに対して、彼がKV戦車に乗って前進して偽りのシグナルを出し、ドイツ軍の戦車が近づいてきたところでそれらに直接照準で砲火を開くことを提案した。スリュサレンコは許可を出した。夕闇が濃くなると、コジェミャチコの戦車は街道に迫る森に近づいて待ち伏せした。しばらく待ってから彼は照明弾を発射した。

　コジェミャチコは、敵の戦車が街道に姿を見せるまで長い間待たねばならなかった。彼にはこの決断の正しさを疑う気持ちさえ浮かんできた。だが、ドイツ戦車は果たして出現した。スリュサレンコに無線で連絡を取ったコジェミャチコは、戦車は10両を数え、残りは道路の曲折のために視認できない旨報告した。上級中尉はこの縦隊をすべて通過させ、最後尾から打撃を加えることにした。

　しかしながら、ドイツ軍の戦車縦隊を完全に通過させることはコジェミャチコにはできなかった──彼の砲手の神経が堪え切れなかったのだ。最初に火を噴いたのは縦隊中央部の車両であった。次に発火したのは、そのやや前方にいた車両である。しかし、縦隊の先頭を進んでいた戦車群に対してはスリュサレンコ大隊の別のKV戦車たちが乱射しだした。16両のうち撤退に成功したのは3両のII号戦車だけであった。

　翌日の夕刻、コジェミャチコは照明弾を使った手口を繰り返そうとしたが、スリュサレンコの言によると、ドイツ軍はまたもやこの罠に引っかかった。コジェミャチコのKV1両だけで夜間の戦闘で3両のドイツ戦車を撃破した。これから程なくして、コジェミャチコ上級中尉は再びベルヂーチェフ近郊の戦いで優秀な活躍を果たす──

　「これらの戦闘には私［スリュサレンコ］の大隊の戦車兵たちも参加した。あるとき、アンドレイ・コジェミャチコ上級中尉が乗っていたKVが攻撃の後で、友軍から分断された状態となった。

　─坊主たち、しょげるなよ。ひと暴れするぞ、─アンドレイは乗員たちに発破を掛ける。

　そして暴れまわった。その如何なることか！　彼らにはファシストたちがわんさと押し寄せてきたが、ソ連戦車はベルヂーチェフの街路を動き回り、射撃で撃退していった。ところが敵の砲弾が覆帯

を引きちぎった。コジェミャチコと彼の同志――ジャービン、キセリョフ、グリーシン、トーチン、ヴェルホフスキー――はヒットラー兵たちを機関銃の連射で傍に寄せ付けず、損傷を修復した。戦闘は正午に始まり、夜を徹して朝まで続いた。この間にKVは8両のドイツ戦車と自動小銃兵搭載の全輪駆動車10台を撃滅した。朝の9時に彼は、無傷の敵戦車を引っ張りながら、ついに包囲から脱した。

――プレゼントだよ、大隊長。あんたに運んできたよ、――参謀長は戦利品の車両をあごでさし示した。

――そりゃどうもありがとう、――私は彼に同じ調子で答えた。

KVの装甲に我々は30個を下らぬ凹みを数え、砲塔基部には鋼鉄に深く食い込んだ巨大な2発の徹甲弾が突き出ていた」

63：第16戦車旅団のソ連邦英雄、アレクサンドル・マクシーモヴィチ・マルティーノフ中尉。彼の率いる戦車乗員たちは1941年11月8日の戦闘でドイツ戦車を5両撃破し、3両を鹵獲した。1942年3月26日戦死。（ASKM）

■装甲車による戦果

ドイツ戦車の撃破には、砲搭載型の装甲車BA-3、BA-6、BA-10も成功した。すでにモスクワ攻防戦のさなかに、M・E・カトゥコフ旅団長が従軍記者のYu・ジューコフに1941年夏のウクライナ戦を語る中で装甲車車長の1人に触れている――

「……我々には大胆な装甲車車長クターシェフがいて、彼は龍騎兵とあだ名されていた。それで彼は何をしでかしたかお分かりだろうか？ 自分の装甲車でドイツ戦車1両と火砲数門を大破させたのだ。だがもっと驚くべき功績を彼はサブルーコフで果たした――それはわが師団最後の戦闘だった……

……そのサブルーコフで我々は再び厳しい試練に直面した――真っ直ぐ私の指揮所に向かって5両のドイツ重戦車が出てきて、至近距離から打撃を加えてくる。ここで私は初めて、危機一髪とは何たるかを実感することとなった。我々を救ったのはわが将兵の沈着さと戦士としての高度な技能だけであった。それはありえないと思われるかもしれないが、しかし私は参加者、そして目撃者として証言する――私の砲兵たちは自らの2門の砲を直接照準のために引き出し、2発の砲弾で2両のドイツ戦車を大破させ、我らが龍騎兵クターシェフは距離300mで自分の装甲車からの射撃でさらに2両の戦車を破壊した。生き残っていた5両目が彼の装甲車を炎上させたが、クターシェフはそれでも何とか奇跡的に助かった」

■激闘、T-34

ドミートリー・ラヴリネンコと共に、ピエルヴイ・ヴォーイン村での戦闘ではT-34車長のイワン・リューブシキン上級軍曹もまた活躍した。1941年10月6日に彼は2回の戦車決闘で9両のドイツ戦車を倒した。Yu・ジューコフの著書『40年代の人々』には、この戦闘に関するI・リューブシキンの話が見える――

64：第4戦車旅団（後に第1親衛戦車旅団へ改称）のソ連邦英雄、イワン・チモフェーエヴィチ・リューブシキン上級軍曹。彼のT-34/76は1941年10月6日、スモレンスク州ヴォイノフカ村で9両のドイツ戦車を撃破した。1942年6月30日戦死。（ASKM）

65：88㎜高射砲の射撃で撃破されたKV-1重戦車を検分するドイツ兵たち。バルト地方、1941年6月。この戦車は赤軍第3機械化軍団第2戦車師団の編制に入っていた。まさにこの戦車こそが、ドイツ国防軍第6戦車師団の後方組織を一昼夜の間引き止めていたのかもしれない。(RGAKFD)

「私は当時ピエルヴイ・ヴォーイン近郊で左翼に進出して戦車決闘の場所を占める命令を受領した。指示された地点に到着すると——1発の砲弾が私の車両に当たったが、装甲は貫通しなかった。私は砲のそばに座って乗員たちに命じた——『ゲンコツ［非爆発性の実体弾］をくれ！ どっちの鋼鉄が堅いかな』。そして撃ち始めた。

砲弾はずっとこちらの装甲を叩いていたが、私は射撃を続けた。1両のドイツ戦車に火を点け、すぐに2両目、それから3両目も。砲弾は乗員の全員が私に差し出してくれる。4両目の戦車を叩いた——これは炎上はしなかったが、中から戦車兵たちが飛び出しているのが見える。そこで榴弾を送り込んで止めを刺した。この後もう1両の戦車を部分撃破した。

この間に、それでもやはりあるヒットラー兵がうまいことをして、私たちの車両の側面を叩いた。その砲弾は装甲を貫通して戦車の中で破裂した。乗員たちは目が見えなくなった。朦朧状態。通信手のドゥヴァーノフと操縦手のフォードロフはうめき声を立て始めた。私の戦車にいた小隊長のクカーリン中尉——彼はブルダー［大隊長］とともに襲撃から戻ったばかりであった——は操縦手の方に這って行き、彼が耳が聞こえなくなっているのを見た。クカーリンはフォードロフを助ける。私は射撃を続けていたが、ドゥヴァーノフが言うのが聞こえた——『俺の脚が飛ばされた』。私はフォードロフに向かって叫んだ——彼はそのときすでに少しばかり正気に戻っていた——『エンジンをかけろ！』

フォードロフはスターターのボタンを指で探って押した……エンジンはかかったが、ギアはバック以外に入らない。何とか後進で這い出て、友軍KV重戦車の後ろに隠れた。そこで通信手の脚に包帯

をして、空の薬莢を取り除いた。

　戦闘から離脱して修理をする必要があったところだが、ここで私は灌木の中に隠れて射撃を行っているドイツ戦車を目にした。それも私にはとてもよく見えて、放っておくのが惜しかった。

　私の主照準器は壊れていたが、副照準器が残っていた。仲間に言った──『砲弾をよこせ！　もう一発ぶちかましておこうぜ』。そして悪党たちを叩き始めた。

　ファシストたちは私たちの戦車がまだ撃っているのを見て、再びこちらを撃ち始める。1つの砲弾が砲塔を打って、貫通はしなかったが、内部では衝撃で装甲の破片が飛び散り、撃発装置にかけていた私の右脚に当たった。脚は無感覚になった。私は、脚がもはやなくなってしまい、今となってはドゥヴァーノフのように撃つことは一生かなわぬものと思った。ところが触ってみると、血はなく、つながっていた。右脚を両手で脇によけて、左脚で射撃を始めた。不便だ。そこで身体を曲げて撃発装置を右手で押すようにした。こっちのほうが良かった。だが、それもいまひとつ不便であった。

　この灌木の中の戦闘を終えるときに、私はそれでもさらに1両の戦車を炎上させた。他の友軍車両は前方に突進したが、私の車両は後進できるだけだ。それで戦闘から離脱した。負傷者を衛生兵たちに預ける一方で私の脚は感覚を取り戻し、車両は2時間で修理した。

66：機械故障か燃料切れのために遺棄されたKV-1重戦車。1941年夏。車体と砲塔の装甲板には40発以上の37mm砲弾の命中弾痕があるが、貫徹孔はひとつも見当たらない。独ソ開戦当時KV戦車を破壊できるのは88mm高射砲のみであったが、これらの戦車の大半が機能を喪失したのは故障によってであった。（ASKM）

67：行軍中のT-34/76中戦車の縦隊。西部方面軍、1941年10月。(ASKM)

そして私はこの日にもう一度戦いに出発した」

　この戦闘についてイワン・リューブシキンにはソ連邦英雄の称号が与えられた。モスクワ攻防戦においてリューブシキンのクルーは全部で20両のドイツ戦車を自分たちの記録に加えた。ソ連邦英雄、I・リューブシキンは1942年6月30日の戦車戦で戦死した。この日の攻撃時に彼のT-34に航空爆弾が命中したのだ。戦車乗員たちの中で奇跡的に生き残ったのは操縦手だけであった。

　1941年10月6日、そのピエルヴイ・ヴォーイン村での戦闘では、ニコライ・カポートフ上級軍曹指揮するT-34の乗員たちが敵戦車6両を自らの記録に加えた（N・カポートフは1942年7月4日のオリョール州ユーヂノ村の攻防戦で戦死）。また、アントーノフ上級軍曹の戦車乗員たちは敵戦車7両と対戦車砲2門を戦果とし、同じく第4戦車旅団のI・ポリャンスキー少尉のKVは6両の戦車を部分撃破した。

　それから3日後の、今度はシェイノ村での戦闘では第4戦車旅団の別の戦車兵、ピョートル・ヴォロビヨフ中尉が活躍した。ある戦闘で彼はT-34に乗って待ち伏せ場所から9両のドイツ戦車と装甲兵員輸送車3両を撃滅した（P・ヴォロビヨフは1941年10月27日にカリストーヴォ村での戦いで勇敢な戦死を遂げたが、この日彼は21歳になったばかりであった：著者注）。

　D・D・レリュシェンコ上級大将の回想には、ムツェンスク郊外のある戦闘で敵戦車6両を葬った第4戦車旅団所属の戦車兵についての指摘がある――

「私の記憶からニコライ・シメンチュークの功績と英雄の死が消え去ることは決してないだろう。この勇者は燃えさかる戦車の中で戦

68：自分の乗るT-34中戦車を背にして立つN・モイセーエフ親衛大尉。南西方面軍、1942年7月。撮影前のいくつかの戦闘で彼は乗員たちとともにドイツ軍の戦車31両と火砲29門、機関銃24挺を破壊し、300名を数える敵兵を殲滅した。（ASKM）

69：レーニン勲章を受章したKV-1重戦車車長のV・ソロヴィヨフ親衛中尉は、この撮影前の数回の戦闘でドイツ戦車15両を撃破した。南西方面軍、1942年7月。（ASKM）

い、独りで6両ものヒットラーの装甲車両を破壊した。戦車兵のコムソモール員証は砲弾の破片が貫通し、血を浴びていた……」

ドミートリー・ラヴリネンコも一員として戦っていた第1親衛戦車旅団には、敵戦車に対する一定の戦果を持つ戦車兵たちがいた。例えば、ルゴヴォイ中尉はムツェンスク攻防戦で13両の戦果を挙げ、さらに迫撃砲4門と高射砲中隊1個を撃滅した。ピョートル・モルチャーノフ上級軍曹はムツェンスク郊外の3日間の戦闘で戦車11両と対戦車砲13門、機関銃座10基、迫撃砲数門を葬った。ラフメートフ上級中尉はドイツ戦車11両を、戦車中隊長のストロジェンコ上級中尉は23両を倒し、アレクサンドル・ブルダー上級中尉はモスクワ防衛戦だけで敵戦車を30両以上撃破し、そのうち6両はムツェンスク郊外での戦果であった。アナトーリー・ラフトプーロ大尉はムツェンスク近郊とヴォロコラムスク方面で20両の戦車を破壊し（彼の大隊全体では43両を破壊）、これらの戦闘について彼はソ連邦英雄の称号が与えられた。6両の敵戦車を1941年11月12日の1回の戦闘で破壊したのは、第1親衛戦車旅団第1大隊政治委員のアレクサンドル・ザグダーエフのT-34である。1941年11月13日にはコズロヴォ村を巡る攻防において、E・A・ルッポフ上級軍曹の戦車乗員たちが1回の戦闘で戦車7両と迫撃砲5門、対戦車ライフル2挺、機関銃座3基を撃滅した。1941年の12月、ヴォロコラムスク郊外のある戦闘でクジミン中尉の戦車乗員たちは敵の戦車6両を撃破し、参謀自動車1台を鹵獲した。

モスクワ防衛戦で首尾よく活躍したのは第1親衛戦車旅団の戦車

兵たちばかりではなかった。1941年10月11日、コンスタンチン・リャーシェンコ少尉の小隊（第18戦車旅団）はボロジノ駅の西にある集落ドローヴニン地区で待ち伏せし、ドイツ戦車15両を撃破した。このうち7両は小隊長の戦果である。

第19戦車旅団のE・リャーミン大尉とV・ルガンスキー中尉がそれぞれ率いる中隊はボロヂノ地区の戦闘で敵の背後に飛び出し、19両のドイツ戦車を撃破した。そのうちルガンスキーの戦車クルーは2両、マトヴェイ・マースロフ及びムラートフ両政治委員の乗員たちはそれぞれ4両と3両、P・クルコフ上級軍曹は4両の戦果を挙げた。その後の戦闘において、ここに列記した指揮官たちはみな戦死する——自分の乗員たちと一緒に戦車の中で焼かれて死んだのである。

1941年10月の末にスキルマーノヴォとコズロヴォの両集落地区で第28戦車旅団の戦車中隊長ステパニャン大尉は敵戦車5両と対戦車砲1門、トラクター1台、自動車2台、40名に上る敵歩兵を殲滅した。

1941年11月8日、第16戦車旅団（ヴォルホフ方面軍）のアレクサンドル・マルティーノフ中尉のKV乗員たちはジュープキノ村（レニングラード州）で待ち伏せし、ドイツ戦車14両の攻撃を撃退し、5両を破壊、戦利品としてさらに3両を鹵獲した。やがてこれら3両は修理され、塗装を替えられて、今度はソ連第16戦車旅団の編成で戦うことになる。この戦闘についてマルティーノフ中尉はソ連邦英雄の候補者に推される。1942年3月26日にアレクサンドル・マルティーノフ中尉はドゥボヴィークの森近くの戦いで戦死し、レニングラード州キーロフ地区ノーヴァヤ・マルークサ町の共同墓地に葬られた。ソ連邦英雄の称号がアレクサンドル・マクシーモヴィチ・マルティーノフに授与されたのは、ようやく1943年2月10日になってのことであった（死後追贈）。

1941年11月16日、集落スィチー付近でドイツ軍は100両に上る戦車と2個大隊規模の歩兵でソ連第28戦車旅団の陣地を攻撃した。この戦闘でI・E・バルミン下級ポリトルークのT-34戦車の乗員たちがドイツ戦車を8両、またオシカイロ中尉の乗員たちは戦車7両と対戦車砲7門を破壊した。11月25日には第28戦車旅団の戦車6両がドイツ戦車の縦隊と大立ち回りを演じた。V・G・グリャーエフ戦車軍少将は振り返る——

「シローヴォ村からドイツ戦車と装甲兵員輸送車の縦隊が現れた。全部で80両に上る。

80対6！　このような兵力差で交戦するなんぞはほとんど狂気の沙汰である。ただし、我がほうにとってひとつ良い状況があった。ドイツ軍の低い車底の車両が通行できるのは道路の上だけであ

70：搭乗車のKV-1の傍に立つ戦車中隊長のI・I・シラーエフ中尉。彼はドイツ戦車12両を撃破した。実動軍展開地区、1942年7月。（ASKM）

った。雪だまりやさらに起伏の激しい土地では足を取られるのが避けられない。このように我々は敵の数の優勢を無にするチャンスを有していたのである――もし先頭の車両を2、3両撃破すれば全縦隊が動きを奪われることになる。

バルミンはドイツ軍を400m位まで近寄らせてから先頭戦車に対する射撃を開始し、ラズリャードフは縦隊の末尾を叩き、オシカイロは中央部の掃射を始めるということにした。

狙い通りの結果となった。敵の縦隊が指定の目安のところに接近したところで、酷寒の静寂は激しい砲声で切り裂かれた。それはバルミンだった。それからすぐにもう2発の発射音。道路上には3つの焚き火が煙を舞い上げた。

――こりゃすげえや！――L・M・ドヴァートルは叫び声を上げた。

それは確かに驚嘆すべきものだった。戦前に私が自動車機械化アカデミーの高等課程で勉強していた頃、砲撃の初弾で目標に命中させることはまったくの偶然によるものだと教え込まれ、そのような射撃に対して最高の評価を与えられることは決してなかった。我々が教えられたのは――未到達［近］、超過［遠］、そして3発目にしてようやく破壊に至る――"正しい"射撃であった。もしあの朝にバルミンとラズリャードフとオシカイロが"正しい"射撃をしていたならば、我々はどんなに苦しい目にあったことか！

ところが、すべては反対の展開となった。ファシストたちは数の点でとてつもない優勢にありながら、絶望的な状態に陥った。彼らは散開しようとしたが、それで得るものは何もなかった。車両が道路から這い降りた途端、深い雪に沈み込み、車底でぴったり座り込

71：第116戦車旅団のKV-1戦車車長たちに戦闘任務を与えるトルハーノフ大尉。西部方面軍、1942年5月。彼らの背後には砲塔に『スターリンのために！』(手前)、『祖国のために！』(奥)と書かれた戦車が並んでいる。(RGAKFD)

72：攻撃中のT-34/76中戦車。カリーニン方面軍、1942年冬。
（RGAKFD）

んでしまった。エンジンは動き、覆帯は雪埃を巻き上げたが、戦車は同じ場所のままで、我がほうの射撃名人たちにとって比較的容易な獲物となった。

　この戦闘は全部で半時間ほどであった。しかしその結果にはただただ驚くばかりである。バルミンは敵戦車11両を、ラズリャードフは戦車6両と装甲兵員輸送車1両を、そしてオシカイロは戦車7両と装甲兵員輸送車1両、牽引式対戦車砲7門を全焼させた。我々が失ったのはわずか1両に過ぎなかった。

　1941年においてこれは何やら未曾有のことであった。火薬の煤で真っ黒のバルミンとラズリャードフとオシカイロを我々はみな抱擁し、文字通り抱き上げて運んだ。彼らの功績は旅団外でも正当に評価された。ソ連邦最高ソヴィエト幹部会はポリトルークのイリヤー・エリザーロヴィチ・バルミンとV・I・ラズリャードフ大尉、F・D・オシカイロ中尉にレーニン勲章を授けた」

　1941年11月20日、第143戦車連隊のV・V・アンドローノフ（階級不明）が指揮する戦車はチェリャーエヴァ・スロボダーの集落付近（ヴォロコラムスク地区）で戦車6両と対戦車砲2門を撃滅した。

　1941年11月21日にはザイツェヴォ村の戦闘において第2自動車化連隊のI・N・ミネンコ中尉が車長のT-34戦車が、ドイツ戦車を6両破壊した。

　第23戦車旅団のT-34戦車車長でソ連邦英雄のニコライ・クレートフ中尉についても取り上げないわけには行かない。彼は1941年11月18日から同27日にかけてイーストラ近郊の戦闘で14両の戦車を殲滅した。

西部方面軍司令官のG・K・ジューコフ上級大将がサインした、ニコライ・クレートフ中尉の戦功に関する文書には次のように書かれている——

「1941年11月18日、ゴロヂーシチェ地区を偵察中に迫撃砲中隊群の陣地を攻撃し、迫撃砲9門と対戦車砲2門、重砲1門を破壊した。1941年11月19日にフェヂュコーヴォ付近であったドイツ戦車の攻撃に際しては、待ち伏せ陣地にあって戦車6両を破壊、兵150名を掃討して敵の攻撃を撃退し、大隊の戦闘任務の遂行を確実ならしめた。1941年11月21日はウスチーノヴォ地区で待ち伏せしつつ、ドイツ戦車を150mの距離まで引き寄せてから、嵐のような射撃で戦車3両と1個中隊規模の敵歩兵を殲滅し、残存の戦車と歩兵は壊走を始めた。1941年11月26日、ラーポトヴォ村での戦闘任務遂行中にドイツ歩兵の縦隊に気付き、これを近距離まで引き付け、銃砲火をもって350名の将兵を撃滅した。1941年11月27日はラーノヴォ村で待ち伏せしつつ（23両のドイツ戦車がダムを迂回しようとしていた）、クレートフ中尉はそれらを至近距離の100mまで接近させ、砲撃によって戦車4両と250名に上る将兵を殲滅した」

■**1942年の戦い**

1942年の2月にクルリャント少尉（第3親衛戦車旅団）指揮するT-34戦車の乗員たちは17両のドイツ戦車による攻撃を撃退し、そのうち7両を破壊した。同じく第3親衛戦車旅団の中で戦ったA・V・

73：戦闘後に遺棄されたと思われるKV-1s重戦車。遠方にはドイツ軍の戦車5両が確認できる。スターリングラード地区、1942年秋。（RGAKFD）

エゴーロフ戦車軍少将はこの戦闘について次のように語る——

「2月のある戦闘でヒットラー軍はわが防御をホフロフカ町地区で突破しようと試みた。この戦区で我が方にあったのはシェスターク少佐の自動車化狙撃兵大隊のみで、その人員が減ってしまった麾下中隊たちに残っていたのは120名を超えず、45ミリ砲2門と待ち伏せするT-34戦車1両であった。この戦車が、味方の歩兵の支援に駆けつけた17両のファシストの戦車と戦わねばならなくなった。クルリャント少尉が指揮していた34式の乗員たちは7両の敵戦車を撃破した。我が方の戦車はすべての視察装置と車上の装備が破砕され、機銃は両方とも機能を失った。射撃手兼通信手と装填手が打撲傷を負った。それでも乗員たちは敵の攻撃をすべて撃退するまで戦った。

戦闘の後で車両をチェックした。その前部と砲塔には36個の凹みが数えられた。幸いなことに、ファシストたちの砲弾は1発も装甲板を貫通しなかった……」

1942年4月2日、バイラーク村での戦闘で優れた活躍をしたのは第6親衛戦車旅団（南西方面軍第38軍）の戦車中隊長N・P・ブリノフ上級中尉の戦車クルーである。N・ブリノフへのソ連邦英雄授与状には次のように記してある——

「ある攻撃においてブリノフ同志は負傷した。負傷にもかかわらず再攻撃に向かい、自らの部隊の戦闘指揮を続けた。大隊長が戦列を外れたとき、ブリノフ同志は指揮を引き受けた。バイラーク村を巡る激戦において自らの戦車で火砲8門、複数の迫撃砲中隊並びに機関銃座、1個中隊規模の歩兵を殲滅し、敵戦車6両を撃破した。ド

74：詩人で劇作家のS・ミハルコフと協同画家グループ『ククルイニクスィ』（M・クプリヤーノフ、P・クルィローフ、N・ソコローフ）からの寄付金で製造されたKV-1重戦車『ベスポシチャードヌイ』号の引渡し式。1942年春。『ベスポシチャードヌイ』とは、"容赦しない"、"無慈悲な"という意味。（ASKM）

75：KV-1重戦車『ベスポシチャードヌイ』号への砲弾搭載作業。1942年秋。砲塔には乗員たちがすでに破壊した敵兵器の数が星形、円形、三角形の印で付けられている。左ページに掲載した同車の写真にはこれらの印はまだない。マーキングの正確な意味は不明であるが、星印はドイツ軍の戦車を意味するものと想像される。(RGAKFD)

イツ軍の攻撃の際砲弾によって戦車の操縦機構が壊された。戦車は移動することができなくなった。敵は戦車に対する砲火を強めた。敵歩兵は戦車を包囲し、手榴弾や火炎瓶を投げつけ、戦車は炎上しだした。

　同志ブリノフは戦闘車両を離れなかった——燃える戦車から射撃を続け、押し寄せるファシストたちを撃ち倒していった。ブリノフ同志は真の愛国者として、戦闘車両とともに英雄的な死を遂げた。

　集落が我が部隊によって占拠された後、ブリノフ同志の戦車の周囲には60体に上るファシストたちの遺体が見つかった……」

　1942年5月14日から同18日にかけてのスタールイ・サールトフの南西で繰り広げられた戦闘では、第84戦車旅団のグリゴーリー・フォーキン上級中尉の戦車クルーが目立った働きをした。14両のドイツ戦車を相手にした戦闘で彼の乗員たちはこのうち7両を倒し、残る戦車は反転せざるを得なくなった。これらの戦闘でメレツコフとシュートフの両中尉は各々7両ずつ部分撃破している。

　1942年6月22日、南西方面軍第38軍第156戦車旅団第2戦車大隊長のイワン・セレッツォフ上級中尉が指揮していた戦車乗員たちは、イヴァーノフカ村での反撃実施の際にドイツ戦車8両と突撃砲2両を部分撃破したが、自身は戦死した。1942年11月5日、彼にはソ連邦英雄の称号が死後追贈された。

■**スターリングラード**

　第6戦車旅団の戦車中隊長ウラジーミル・ハーゾフ上級中尉はス

76：自分の戦闘車両の傍で談笑するV・ハーゾフ（右）。1942年夏。1942年の6月から7月にかけて、彼はT-34中戦車に搭乗してドイツ戦車を23両撃破した。（ASKM）

77：第58戦車旅団のニコライ・マホーニン中尉（右）と彼のT-34戦車。1942年夏。スターリングラード攻防戦において彼の戦車はドイツ軍の戦車10両と火砲11門を破壊し、迫撃砲中隊1個を殲滅した。（著者所蔵）

78

78：待ち伏せするKV-1重戦車。実動軍展開地区、1942年春。(ASKM)

ターリングラード攻防戦で、破壊した23両のドイツ戦車を自己の戦果記録に加えた（別の資料によると28両）。

1942年8月6日の『74km』待避駅地区での戦闘では戦車小隊長アンドレーエフ中尉の戦車乗員たちが敵の戦車5両と火砲2門を破壊し、さらに2両の戦車を部分撃破した。この戦闘について彼にはソ連邦英雄の称号が与えられた。

1942年9月19日、アメリカ製のM3『スチュアート将軍』戦車に乗って戦っていたパーフキン中尉の戦車小隊（ザカフカス方面軍）は、待ち伏せ陣地から16両の敵戦車を襲い、そのうち11両を全壊させた。

スターリングラード攻防戦ではニコライ・マホーニン中尉（第58戦車旅団）が大活躍し、T-34に乗ってドイツ戦車10両と火砲11門、迫撃砲中隊1個を殲滅した。

第26戦車旅団（南西方面軍）のキーチヤ中尉指揮下の戦車乗員たちは、1942年9月のサドーヴァヤ駅地区の戦闘でドイツ戦車10両を倒した。

1942年11月19日にスターリングラード方面軍第4戦車軍団第69戦車旅団に所属する戦車大隊の参謀長、ニコライ・レーベヂェフ上級中尉の戦車はマノイリン及びリーポフ・ロゴフスキーの村々で15両の敵戦車と交戦し、このうち10両を葬り去った。また別の集落ではレーベヂェフが再び10両のドイツ戦車と格闘し、7両を倒している。1942年11月23日にレーベヂェフ上級中尉はカラーチ地区プラトノフスキー村を巡る戦いで戦死した。1943年2月4日、ニコ

79：森林の中を走るT-34/76中戦車。実動軍展開地区、1943年冬。(ASKM)

ライ・レーベヂェフにソ連邦英雄の称号が死後追贈された。

　1942年12月22日に南西方面軍第37軍第2戦車旅団のKV重戦車中隊は、狙撃兵師団が新たな防衛線へ後退するのを掩護していた。この際にとりわけ秀でた働きをしたのがポリトルークのV・K・ヴィーチンが乗る戦車乗員たちで、敵の戦車3両を破壊し、数十名の敵兵を殺害した。ポリトルークのヴィーチンは1943年2月8日にドネツ州のボンダルノエ村において、ドイツ軍の自動車化縦隊の攻撃の際に戦死した。ヴィーチンのKVは縦隊の先頭車両を部分撃破し、その後道路に沿って疾走しつつ、火砲や牽引車や自動車を覆帯で踏み潰していった。ところが前途にPz.Ⅲが現れた。ポリトルークの命令に従って操縦手はKVを敵戦車に向かわせた。衝撃音が轟き、それから爆発が起きた。両方の戦車の乗員たちはここで戦死を遂げた。

■**1943年の戦い──ヴェリーキエ・ルーキ**

　1943年1月8日、ヴェリーキエ・ルーキ地区でのドイツ軍の反撃に応じる中で、第13独立親衛戦車連隊所属のアルカーヂー・クズネツォフ中尉指揮下のKV戦車乗員たちは、ある1回の戦闘で敵戦車8両を撃滅した。

　別の1両のT-34の砲塔には『ザ・スターリナ（За Сталина＝スターリンのために）』と書かれ、その乗員たちは第2戦車旅団（北カフカス方面軍）のI・V・カザダーエフ中尉の指揮の下、2カ月間の戦闘で戦車7両と装甲兵員輸送車2両、火砲6門、自動車27台、オートバイ10台を破壊、1個大隊規模のドイツ兵を殺害した。

■**レニングラード攻防戦**

　もうひとつの戦車戦についても触れざるを得ない。この中でソ連軍の戦車隊員たちは敵の車両を1両も撃破することはできなかったが、彼らの巧みな行動は他兵科の部隊──砲兵たちが敵戦車を懲らしめることを可能ならしめた。1943年1月16日、レニングラード包囲網突破を目的とするイスクラ作戦の際、第61軽戦車旅団（旅団長─V・フルスチツキー中佐）のT-60軽戦車乗員たちはドミートリー・オサチューク中尉の指揮で、ドイツ戦車2両との不利な格闘に入った。オサチュークは操縦手のイワン・マカーレンコフ曹長に、ドイツ戦車の射撃を浴びぬように動き回ることを命じた。マカーレンコフは車体を左右に振りつつ意図的に千鳥足走行をし、それによって敵を偽装した砲兵中隊の方へおびき寄せていった。果たしてこれは成功した。ソ連戦車を追い掛け回すのに夢中となったドイツ戦車たちは車体の側面を砲兵射撃の方へ曝しだしたことに気付かなかった。その結果ドイツ戦車は破壊された。

80：第61戦車旅団のソ連邦英雄、ドミートリー・イヴァーノヴィチ・オサチューク中尉。彼はT-60戦車に乗ってドイツ戦車2両を友軍砲兵中隊の方へおびき寄せ、同中隊に撃破させた。（著者所蔵）

1943年1月31日、ドン方面軍第21軍第5親衛独立突破戦車連隊の中隊長イワン・マロジョーモフ中尉の戦車は、スターリングラード攻防戦最終段階のある戦闘で5両のドイツ戦車を仕留めた。しかし彼自身も搭乗車がこの戦闘で放火されて戦死した。1943年4月21日にイワン・マロジョーモフはソ連邦英雄の称号を死後追贈された。

■ソ連戦車兵の証言──クルスクの"ティーガー"

　前線にティーガーとパンターが登場してからドイツのプロパガンダは、ロシアのT-34が新型ドイツ戦車を目にしただけで戦場から文字通り姿をくらましている、としつこく叫ぶようになった。例えば、クルスク郊外の戦闘ではドイツ側の資料によると、ドイツ国防軍と武装SSの諸部隊の全損はわずか13両のティーガーということになっている。しかし、ドイツ重戦車ティーガーの開発と戦闘運用の歴史に関する最近の外国の著作においては、ドイツ軍がクルスク戦の過程で失ったこのタイプの戦車は全部で25両を数え、そのうち第503及び第505重戦車大隊は攻勢時に各3両を、そして撤退時に13両を失い、SS『ライプシュタンダルテ・アドルフ・ヒットラー』師団のティーガー中隊は攻勢時と撤退時にそれぞれ2両ずつ、SS『ダス・ライヒ』とSS『トーテンコプフ』両師団の中隊は各1両の損失を出した、とされている。

　別の資料によれば、1943年の7月にドイツ軍は東部戦線で33両の、そして8月には40両のティーガーを失っている。それにもかかわらず、ソ連側の資料はこれらのデータを、控えめに言っても否定している。実際にティーガーもパンターもフェルディナントもソ連軍の戦車隊員たちにとって非常に危険な相手であったのにである。「我々はこれらティーガーをクルスク戦線で恐れていた、──元T-34車長のエヴゲーニー・ノスコフは振り返る。──正直に認める。あのティーガーはその88㎜砲からゲンコツ、つまり徹甲弾で2,000mの距離から我らが34式を撃ち抜いていた。我々のほうは、76㎜砲でこの分厚い装甲の獣を仕留めることができるのは、500m以下の距離から新型の鉄芯破甲弾による場合のみであった。しかもこの砲弾を──それらは受領署名をした上で戦車1両につき3発ずつの支給であった──私は転輪と転輪の間の、内側には砲弾が搭載されている車体側面に命中させねばならず、砲塔基部の下に当たれば砲塔がつっかえ、戦車砲の砲身の場合はそれが飛散し、燃料タンクのある車体後部ならば、それらの間にエンジンがあるので、ティーガーは炎上し、……転輪や前方転輪、駆動輪または覆帯に命中すれば、すなわち走行装置を傷つけることになる。ティーガーのその他残りの部分はすべて、我が砲の手には負えず、徹甲弾は装甲板に撥ね返

されていた、まるで豆が壁に弾かれるように」

　彼と同意見なのは第5親衛戦車軍第29戦車軍団第32戦車旅団の機銃手兼通信手のS・B・バスである——

「ティーガーに向かって撃っていたのを覚えている。誰かが最初にその覆帯を撃ち飛ばし、それから側面に砲弾を突っ込まないうちは、砲弾は跳ね返るばかりだった。しかし戦車は炎上せず、戦車兵たちはハッチから飛び出し始めた。それを我々は機銃で掃射した」

　もうひとつ、クルスク戦の参戦者で第10戦車軍団の戦車中隊長だったP・I・グロムツェフがティーガーと遭遇した話を紹介しよう——

「ティーガーを最初は700mぐらいから撃っていた。見ると命中し、徹甲弾は火花を出しているが、相手は何事もなかったかのように進んでおり、1両また1両と我が方の戦車を撃ちまくっている。幸いだったのは7月の猛暑だけであった——ティーガーどもはあちこちで燃え出した。後ほど、戦車のエンジン室にたまるガソリンの気化ガスが発火することも稀ではないことが判明した。ティーガーまたはパンターを直接撃破することができたのは300mぐらいから、しかも側面に命中した場合だけであった。当時我が方の戦車は多数全焼したが、我が旅団はそれでもドイツ軍を2kmほど追い返した。しかしそれが我々には限界だった。それ以上このような戦闘には耐えられなかった」

　ティーガーについてはウラル義勇戦車軍団第63親衛戦車旅団のベテラン、N・Ya・ジェレズノフもこのような見方を抱いていた——

「……我らの76㎜砲が奴ら［ティーガー］の装甲を正面から獲ることができるのがわずか500mからであるのに乗じて、奴らは開かれた場所に立っていた。近づいてみればいいではないかだって？　奴は1,200〜1,500mの向こうからあんたを焼き殺すだろうよ！　忌々しいもんだ！　実際のところ、85㎜砲がなかったうちは、俺たちはまるで兎のようにティーガーたちから逃げ回り、なんとか逃げ切って、奴のわき腹に一発食らわせるチャンスを探っていた。辛かった。800〜1,000mの距離にティーガーが立って"十字を切り"始めると、砲身を横に動かしているうちならまだ戦車の中に座ってもいられるが、縦に動かしだしたとなれば、——飛び出したほうがいいってもんだ！　燃えっちまうよ！　俺はそんなことはなかったけどよ、仲間たちは飛び出していたぜ。だがT-34/85が登場すると、一騎打ちに出て行ってもよくなった……」

　すでに触れたとおり、ソ連では1943年以来、ドイツ戦車はほとんどすべてと言っていいほど"チーグル"［Тигр＝露語で虎の意］と呼ばれ、自走砲はどれも"フェルディナント"であった。と

115

きには、あるソ連戦車旅団がクルスク戦線において一日で10両に上る"チーグル"を殲滅したとされたこともあったが、例えばドイツ第XXXXⅧ戦車軍団がクルスク戦の開始当初に保有していたティーガーは全部で14両、武装SSの『ライプシュタンダルテ・アドルフ・ヒットラー』と『ダス・ライヒ』、『トーテンコプフ』ではそれぞれ13両と14両、15両であった（別の資料によると、7月最初の第XXXXⅧ戦車軍団には15両のティーガーがあり、ツィタデレ作戦開始時点のドイツ軍部隊はこのタイプの兵器を143両を保有していたとされる—7月5日現在中央軍集団に31両（第505大隊）、南方軍集団に102両）。

　これは、さまざまな部隊が自分たちの戦果により多くのティーガーを加えたかったという願望のみならず、戦闘の興奮の中では非常にしばしば増加装甲板を装着した中戦車Pz.Ⅳや新型のパンターまでもがティーガーに見えていたことによるものだ。例えば、1943年7月6日のオボヤーニ方面の集落ポクローフカを巡る戦闘でB・V・パーヴロヴィチ中尉（第1戦車軍第49親衛戦車旅団）が車長のT-70軽戦車は、中戦車3両と車体番号824のティーガー1両を部分撃破した。実際のところこのティーガーはパンターだと判明した。それは、第49親衛戦車旅団の戦車兵たちが撮影したこの戦利品の写真が物語っている。ただし、このことによってB・パーヴロヴィチ中尉の乗員たちの戦功がいささかも翳むことはない。軽戦車T-70に乗ってパンターを倒すことが並大抵のことではなかったからだ。

　同じくこの戦闘では第49戦車旅団の戦車大隊長G・F・フェドレ

ンコがドイツ戦車を3両、またN・P・コブート中尉が4両を破壊した。パーヴロヴィチ中尉はクルスク戦のある戦闘で戦死したが、その際彼の乗員たちは戦車1両を部分撃破、さらに6両の戦車と自走砲2両、8台の自動車を全壊させた。

　ドイツの新型戦車はソ連の戦車兵にとっても砲兵にとっても手強い敵であったことを改めて指摘しておきたい。巨大な装甲兵器を破壊することは当時のソ連兵にとっては正真正銘の功績であり、それは1941年のドイツ兵たちがKVやT-34の破壊を最高の名誉と見なしていたのと同じである。

　それでもやはりソ連の戦車兵たちは、すでにクルスク戦の時からティーガーとパンターに打撃を与えていた。ドイツの戦車が装甲厚でも戦車砲の射程でもはるかに優位にあったのにだ。

　「7月6日はかくも恐ろしい戦闘の中で過ぎていった、──第1戦車軍第1親衛戦車旅団のT-34戦車長ゲオルギー・ベッサラーボフ中尉は自分の日記に書いている。──どうして今も生きているのか自分でも信じられない。ソコロフはティーガーとT-4（Pz.Ⅳ：著者注）を、シャランヂンはティーガー2両と中戦車2両を倒した。でかしたぞ！

81：ドイツ戦車 パンター Pz.V Ausf.D、車両番号824は、ソ連第1戦車軍第49親衛戦車旅団のB・V・パーヴロヴィチ中尉のT-70軽戦車の乗員たちによって撃破、鹵獲された。1943年夏。（ASKM）

82：Ⅵ号戦車の砲塔に残っていた76㎜砲F-34の砲弾による貫徹孔のクローズアップ。ブダペスト地区、1945年2月。

117

モジャーロフはティーガーを2両。私は中戦車を2両。

　7月7日、戦車4両のグループを指揮。よく塹壕を掘り、予備塹壕も用意。長く待つことはなかった。窪地から最初長い砲がのぞき、それからティーガーが出現。ティーガーの装甲板には、歯をむき出して口を開いたヒトラーそのものが見えた*。憎しみのあまり息が詰まりそうになった。徹甲弾で撃った。戦車は煙を上げた……。2両目も撃ち、陣地を替える。

　マロロッシヤーノフは3両のティーガーを部分撃破。またもや俺を追い越す。補給に行って戻る。100mほど先の廃墟からティーガーが姿を見せる。数発の砲弾で叩いた。それは炎上しだしたが、マロロッシヤーノフの戦車に火を放つのは間に合った。彼の搭乗車に向きを変え、乗員たちを拾い、指揮所に連れて行く。そして戻る。砲弾と爆弾の奔流は夕方まで衰えなかった」

　ベッサラーボフが自分の日記の中に書いている、ヤーコヴレヴォ村付近の1943年7月6日の劣勢下での戦闘で、ソコロフ、シャランヂン、モジャーロフ、ベッサラーボフ各中尉のほかに、中隊長ウラジーミル・ボチコーフスキー上級中尉の戦車乗員たちも活躍し、敵戦車3両を撃ち倒した。しかし戦闘の過程でボチコーフスキー中隊の戦車はすべて全焼するか、部分撃破された。待ち伏せ場所に残ったのはV・シャランヂン中尉の戦車1両のみであった。シャランヂンの乗員たちはさらにもう1両の敵戦車を炎上させることに成功したが、その後中隊陣地に突入してきたドイツ戦車たちが彼のT-34を乱射した。

　ベッサラーボフ中尉の主張によると、戦車小隊長のフォミチョフ親衛中尉は極限の距離2,500mから覆帯への2発の命中弾でティーガーを部分撃破することができた。この際消費した砲弾は17発であった。別の小隊長のカリュージヌイ親衛中尉は距離1,500mからの射撃でティーガーを全焼させ、もう1両のティーガーは命中角35度での側面への命中によってあたかも部分撃破したとされている。ベッサラーボフは自分にとって最初のティーガーを距離600mからの初弾で仕留めた。平均して、長距離からのティーガーの撃破には15発から20発の砲弾を必要としていた。しかし、これらもまたティーガーではなく、パンターであった可能性が十分ある。

　A・L・ゲトマン上級大将は自著『戦車はベルリンを目指す』に、第6戦車軍団内の新聞「ザ・ナーシュ・ローヂヌ［我らが祖国のために］」に掲載された第200戦車旅団の戦車中隊長I・K・ドルィガイロ上級中尉の話を引いている。ドルィガイロ上級中尉の主張するところによれば、オボヤーニ方面でのある戦闘で「……私自らT-34の戦車砲でティーガーを普通の徹甲弾でもって900mの距離から部分撃破した」。だが、クルスク戦において同じ第1戦車軍に入

【*】これはティーガーではなく、クルスク戦線南部の『グロース・ドイッチュラント』師団の行動地帯にいた第10戦車旅団第39戦車連隊第52大隊所属中隊のパンターだった可能性が十分にある。同大隊の戦車の砲塔には部隊章……歯をむき出しに口を開いた豹の頭部が描かれていた（本シリーズ第1巻『クルスクのパンター』60ページのカラーイラスト及び74-75ページの写真を参照）。また、1943年7月6日にこの戦区で第1親衛戦車旅団を含むソ連軍部隊に対して、ドイツ軍が投入した新型戦車はパンターが166両で、ティーガーはわずか3両に過ぎなかったことも明らかとなっている。

83：第1親衛戦車旅団のウラジーミル・アレクサンドロヴィチ・ボチコーフスキー上級中尉。彼の率いる戦車乗員たちは1943年7月6日の戦闘で3両のパンター戦車を撃破した。後にV・ボチコーフスキー大尉がソ連邦英雄の称号を受領する契機となった軍功は、彼に指揮された一群の戦車がロマーノヴォ村（ウクライナ共和国テルノーポリ州）付近のテレーブナ河を渡河して橋頭堡を奪取し、その際に対戦車砲16門と自走砲4両、200台に上る自動車を破壊したことであった。（ASKM）

っていた第6戦車軍団に対抗して行動していたのは、パンターで武装していた第XXXXVIII戦車軍団第10旅団であったことは、今では知られている通りである。

　1943年7月6日、ポヌィリー駅の北西、アレクサンドロフカ村の外れでの戦闘で、第2戦車軍第107戦車旅団第2大隊に所属するアンドレイ・ストリャロフ少尉指揮下のT-34乗員たちは、ドイツ軍の自走砲2両を部分撃破し、その後さらに2両の戦車に傷を負わせた。しかしストリャロフのT-34もまた火を放たれた。5両目のドイツ戦車をストリャロフの戦車兵たちは体当たりで破壊し、このときT-34の乗員たちもまた全員死亡した。

　同じくこの日優秀な活躍をしたのが、第3（後に第9親衛）戦車軍団第103（後に第65親衛）戦車旅団の、ソ連邦英雄コンスタンチン・ブリノフ上級中尉率いる戦車中隊である。ブリノフが最高の称号であるソ連邦英雄を授与されたのは、1943年の冬季の戦闘についてであった。ある戦闘で第103旅団の3両の戦車が、15両のドイツ戦車の攻撃を撃退した。ブリノフが搭乗する戦車の乗員たちは、6両の敵戦車を撃滅した。1943年1月26日の深夜未明、ブリノフの戦車はドイツ軍の大規模な自動車化縦隊を壊滅させた。この戦闘でコンスタンチン・ブリノフは1943年4月17日にソ連邦英雄の称号を授与された。

　7月6日の戦闘ではブリノフ中隊は15両のドイツ戦車を破壊した。彼の搭乗車だけで敵戦車4両を全焼させ、5両目のドイツ戦車は彼の中隊によって後方に牽引後送された。7月7日と8日にはブティルキ村の戦闘でドイツ軍がブリノフ中隊の陣地に29両の戦車を差し向けた。が、やがてドイツ戦車群は地雷原でズタズタにされた。敵の停車に乗じて、ブリノフの戦車中隊は翼部から打撃を加えた。その結果ドイツ軍はさらに15両の車両を失った。

　ブリノフ上級中尉は1943年7月12日の戦闘で戦死した。中隊長の戦車は徹甲弾の直撃で大破し、このとき上級中尉は致命傷を負った。

　1943年7月7日の戦闘で第200戦車旅団のゾートフ中尉の戦車クルーは敵戦車5両を破壊し、その中にはティーガー1両が含まれていた。

　この同じ日に第1戦車軍第3機械化軍団第3機械化旅団第16戦車連隊第1戦車中隊長のニコライ・ベレジノイ少尉は集落オリホーフカの付近でT-34に乗って4両の敵戦車を破壊した。やはり7月7日に3両の敵戦車を第237戦車旅団（第1戦車軍）の戦車小隊長アナトーリー・ヴィソーツキー中尉も撃破した。彼のT-34が炎上したとき、乗員たちはさらにもう1両の敵戦車に体当たりした。

　クルスク戦においては第200戦車旅団のミハイル・ザムーラ中尉

84：第200戦車旅団のソ連邦英雄、ミハイル・クジミーチ・ザムーラ中尉。
彼のT-34/76中戦車は1943年7月8～9日のクルスク戦線ヴェルホペーニエ村付近での戦闘で
ドイツ軍の戦車17両と自走砲5両、装甲兵輸送車1両を破壊した。

85：V・M・ゴレーロフ親衛大佐。彼の部隊の戦車隊員たちはドイツ軍の戦車と自走砲を108両も撃破、破壊した。ヴォロネジ方面軍、1943年7月。（ASKM）

も顕著な働きをした。1943年7月8日、ヴェルホペーニエ村地区でのある戦闘で彼のT-34は戦車9両と自走砲3両を葬った。1943年7月8日と9日の2日間でザムーラは17両の戦車を倒し、その中には4両のティーガーと5両の自走砲、装甲兵員輸送車1両も含まれていた。

その同じ日に、またヴェルホペーニエ村地区でやはり第200戦車旅団のYa・コブザーリ上級中尉の戦車中隊が敵戦車隊の攻撃を撥ね返していくなかで、中戦車21両と重戦車7両、さらに9両の自走砲を全壊させた。中隊長自身も重戦車4両と中戦車13両を葬った。しかしこの戦闘でYa・コブザーリ上級中尉もまた戦死した。1990年10月4日、彼にソ連邦英雄の称号が死後追贈された。

7月8日、スイルツェヴォ～モローゾヴォ戦区では第1戦車軍第6戦車軍団第112戦車旅団に所属するV・ツィブルーク中尉とP・マースロフ中尉が大活躍した。ツィブルークは待ち伏せ陣地から戦闘を行い、1日でティーガー 2両と自走砲1両を部分撃破した。マースロフは単独で5両のドイツ戦車を相手に立ち回り、そのうち4両を倒して勝利を収めた。

1943年7月9日付の赤軍機関紙「赤い星」はP・ミロヴァーノフとB・ガーリンが「燃えるティーガー」と題して執筆した記事を掲載したが、その中ではオボヤーニ方面でのある戦車戦について語られている——

　「……12両のドイツ戦車が左翼から現れた。スリーヴィン大尉はそれらの方向に砲塔を旋回させ、冷静に待機するよう命じた。

　スリーヴィン大尉と彼の戦車兵たちはティーガーとの戦闘に特別な興味を覚えた。すべての型のドイツ戦車を大尉は戦争中に経験してきたが、ティーガーは初めてだった。待ち伏せ陣地に対して鋭角に進入してくる戦車たちまで残り150mとなったとき、スリーヴィンは撃ち放った。同時に彼の隣にいたカピターノフも砲火を開いた。先頭のドイツ戦車——それはT-VIであった——は煙の塊に包まれて停車した。別の敵戦車は蛇行してから擱坐した。4両のKVが砲弾を次から次に撃ちだしていた。ティーガーどもはここも通過することができなかった……」

　第49戦車旅団の戦車小隊長グリゴーリー・ブラージニコフ中尉はクルスク戦たけなわの1943年7月10日にオボヤーニ方面の244高地地区で数分の間に距離350〜400mから3両のティーガーと2両の中戦車を炎上させたが、このとき使用した砲弾はわずか8発に過ぎなかった。戦闘の過程でもう1両のティーガーがブラージニコ

86：待ち伏せするT-34/76中戦車。実動軍展開地区、1943年夏。（ASKM）

フのT-34を炎上させることに成功したが、その乗員たちに異状はなかった。それより前の1943年7月7日、ブラージニコフ中尉は戦闘でPz.IIIとPz.IVを各1両破壊している。クルスク戦が始まるまでにブラージニコフの記録には7両のドイツ戦車が数えられた。

　1943年の7月にアレクセイ・シラチョフとマクシム・ドミートリエフ両中尉の各戦車乗員たちは戦車を22両ずつ撃破している。

　また第1親衛戦車旅団のヴァシーリー・ストロジェンコ親衛中尉の記録は、撃破戦車29両を数えた。

　1943年の7月に「赤い星」紙は戦車エースの一人、アレクセイ・エローヒン中尉について書いている。彼はT-34に乗ってクルスク戦線における複数の戦闘で自走砲フェルディナントを6両破壊した。もちろん、ドイツの超強力な新型自走砲に対するエローヒン中尉の6両の戦果は、明らかに誇張である。しかし、中尉自身の話によって、そのうちの1両がポヌィリー駅付近で破壊されたことに間違いはないようだ。

「戦車か、――それとも戦車じゃないのか、なにやら図体の大きな箱だった、――エローヒンは振り返る。強大なように思われたのは、砲弾がはじき飛ぶ様子を見てからだった」

　エローヒンが自分のT-34の砲からフェルディナントに対して放った3発の砲弾は相手に傷を負わせることはできなかった。それから態勢を変えてフェルディナントにもう2発を送り込んだところ、ドイツの自走砲は燃え始めた――

「強大なドイツ軍の車両が燃え出した後、大隊は散開を始め、左右から予め指示されていた対ドイツ軍攻撃時の歩兵支援用陣地を占めて行った。間もなくして、我々からよく見える煙柱の右手に、さらに数両の見たこともないドイツ軍車両が現れた。その先頭車は高地に向かって疾走していった。我々がすぐこれに対して全中隊で斉射を浴びせかけると、この車両は傷を負って停止した。残りの車両は正面を向いて、我々に対して定置射撃を始めた。私は指揮官に許可を打診して、戦車を左方に進め、灌木と丘陵に身を隠しつつドイツ軍の翼部に進入することを試みた。これは成功した。小山から姿を出して、入念に周囲を見回し、照準装置をチェックしてから次々と5発の砲弾を直近のドイツ戦車に向けて撃ち放った。5発目にしてそれは煙を上げた。別の戦車たちは後ずさりして後方に這い出ようとし始めた。なぜならばそれらの砲塔は旋回しないもので、翼部への私の進入は彼らを不利な態勢に置いたからだった。もし向きを変えて私を撃ち始めれば自らの側面をわが軍の残る戦車に対してさらすことになり、もし今までの態勢でいれば側面は私に対して開かれた状態のままとなるのだ。やがて暗くなりだして、ドイツ軍の攻撃は頓挫した」

87：T・N・ソローキン上級中尉と彼のT-34中戦車は、一回の攻撃で11両のドイツ戦車を撃破した。ツィムリャンスカヤ地区、1942年夏。（ASKM）

戦闘の後にドイツ軍の自走砲を検分したエローヒンは、彼の砲弾がドイツ軍の怪獣の装甲板を貫通していないのを知った。敵の自走砲が全焼した原因を特定できたのは、後部の円形の司令室ハッチから車両内部に入り込んだときである。ちょうどエローヒンが砲弾で叩いていたところに燃料タンクがあったのだ。装甲板への砲弾の衝撃でガソリンが爆発してフェルディナントは全焼したのだった。
　ポヌィリー駅地区で破壊された21両のフェルディナントのうち、ソ連軍の砲兵射撃によって深刻な損害を蒙ったのは9両だけであった。その車体番号602の1両は口径76㎜の戦車砲か、または砲兵による射撃を受けて炎上したものである。
　1回の戦闘で破壊された9両の戦車のうち、第14戦車連隊（第1戦車軍）小隊長のN・ラゼイキン中尉の戦果は3両のティーガーであった。そのほかに彼は中戦車4両と自走砲1両、自動車6台を撃滅した。その後の戦闘でラゼイキン車の乗員たちは数日間にわたって待ち伏せ陣地で活動しつつ、さらに5両のティーガーを撃破した。同じく第14戦車連隊の戦車中隊長A・P・ソローキン上級中尉の戦車乗員たちはひとつの戦闘で5両のドイツ戦車を部分撃破し、これと同数の戦車を第178戦車旅団のM・フロロフ中尉の戦車クルーが破壊した（フロロフはクルスク戦全期間を通じて10両のドイツ戦車を撃破した）。また、18両の戦車撃破が第45親衛戦車旅団（第1戦車軍）所属のウラジーミル・マクサーコフ親衛中尉と彼のT-34戦車乗員たちの記録に加わった。同じような戦車撃破記録は第5親衛戦車軍のゲオルギー・ゴロヴァーシキン親衛上級中尉も持っている。彼の記録には20門の火砲と自動車50台、装甲列車1本の破壊も残っている。
　1943年7月10日、第10戦車軍団第186戦車旅団のV・I・ウマネーツ中尉が指揮するT-34戦車は、ドイツ軍の重戦車1両と中戦車2両を倒した。第49戦車旅団のG・ポージュル曹長の戦車乗員たちは敵戦車10両を撃滅し、第100戦車旅団第2戦車中隊長A・コノヴァーロフ中尉は6両の戦車を全壊させた。第10戦車軍団所属のV・N・アンドレーエフ中尉の戦車は重戦車1両と中戦車2両を、同じくI・P・イーギン中尉の戦車は重戦車2両をそれぞれ破壊した。
　第2戦車軍団第26戦車旅団の政治課長ゲーレル中佐は、第282戦車大隊のT-70軽戦車車長イラリオーノフ中尉の巧みな技を指摘している――
　「43年07月12日の戦闘で同志イラリオーノフはティーガー戦車を部分撃破、その後側面への3発の砲弾で炎上させた」
　もちろん、ティーガーをT-70で部分撃破するのが可能となるのは、側面に半メートルの距離から撃った場合に限られたが（それも絶対ではないが）、仮にイラリオーノフの乗員たちが破壊したのが

報告書に記された"ティーガー"ではなく、Ⅲ号あるいはⅣ号戦車であったとしても、それはやはり優秀な成果である。

　1943年7月14日から同年8月4日にかけて戦車小隊長ミハイル・アントーノフ上級中尉の乗員たち（ブリャンスク方面軍第63軍第231戦車連隊）は、オリョールへの進入路で戦車5両を部分撃破し、火砲4門を破壊して、40名を超える敵将兵を殺害した。アントーノフ上級中尉は1943年8月4日にオリョール攻防戦の最中に戦死した。彼にソ連邦英雄の称号が授けられたのは1943年8月27日であった（死後追贈）。

　クルスク戦において、第3親衛戦車軍第7親衛戦車軍団第55親衛戦車旅団のイワン・ドゥープリー曹長が操縦手として加わっていた戦車クルーは、戦車4両と突撃砲2両を部分撃破した。

　1943年8月6日、ベールゴロド州グライヴォロン市を巡る戦いで、第21親衛戦車旅団（第1戦車軍第5親衛戦車軍団）のエヴゲーニー・クズネツォフ親衛中尉指揮する戦車乗員たちは、敵の戦車4両と自動車縦隊1個を殲滅し、さらに2両の戦車と自走砲1両を部分撃破した。翌日クズネツォフ親衛中尉は行方不明となった。

　1943年8月12日のキロヴォグラード州ペトローフスキー地区ヴィーエフカ村付近の鉄道踏切付近での戦闘で、第5親衛戦車軍第29戦車軍団第32戦車旅団の戦車小隊長ヴィクトル・パールシン中尉は敵戦車7両を破壊した。ヴィクトル・パールシン中尉は1943年11月14日に戦死し、1944年1月15日には彼にソ連邦英雄の称号が死後追贈された。

　1943年8月21日、敵の反撃に応戦する中で優れた活躍を見せたのは、第10戦車軍団第178戦車旅団のA・L・ドミトリエンコ中尉が指揮するT-70軽戦車の乗員たちであった。中尉は後退しつつあったドイツ重戦車1両に気付いた。ドミトリエンコは自分のT-70でこれに追いつき、操縦手にドイツ戦車と併走するように命じた。ドイツ戦車の砲塔のハッチが少し開いたのを認めたドミトリエンコはT-70から這い出し、敵戦車の装甲板に飛び移り、ハッチの中に手榴弾を投げ込んだ。ドイツ戦車の乗員たちは全滅したが、戦車自体は大隊の所に牽引後送され、やがて、若干の修理を経た後に戦闘で使用されることになった。

■ドイツ重戦車との戦い──1943年秋〜1944年夏

　ティーガーたちとパンターたちが倒されたのはクルスク戦線だけではなかった。1943年の10月、ゼリョーナ駅を巡るある戦闘で、第5親衛戦車軍第181戦車旅団所属のI・M・アリャープキン曹長が操縦手として勤務していた戦車クルーが大活躍をした。彼らはティーガー2両とⅣ号戦車2両を炎上させ、火砲5門と自動車35台、牽

88：第52赤旗戦車旅団に所属するT-34/76中戦車の乗員たち。彼らはこの写真を撮影する前のいくつかの戦闘で5両のドイツ戦車を破壊した。ザカフカス方面軍、1942年12月。（ASKM）

引車3台を踏み潰し、敵将兵約60名を殺害、その上燃料・オイルと弾薬の入った倉庫1棟を奪った。この戦車が部分撃破されたとき、アリャープキン曹長は車両を戦闘から安全な場所に離脱させることに成功した。

　第12親衛戦車旅団所属のT-34戦車車長ヴァシーリー・エルモラーエフ親衛少尉は、ジトーミル州ザーニキ村での戦闘で1943年12月7日に中戦車7両を部分撃破し、しかもその7両目は彼のT-34の体当たり攻撃を受けて全壊した。が、ソ連戦車の乗員たちも戦死した。この戦闘についてヴァシーリー・エルモラーエフ親衛少尉と操縦手のアンドレイ・チモフェーエフ親衛軍曹にはソ連邦英雄の称号が死後追贈された。

　これと同じポチーエフカ〜ザーニキ線上では第4親衛戦車軍団第12戦車旅団の中からさらに2組の優秀な戦車乗員たちが登場した。P・N・カバーノフ少尉指揮する戦車がポチーエフカの南で戦車2両と装甲兵員輸送車1両を撃破し、30名もの敵将兵を抹殺した。N・G・シッチェンコ少尉の戦車は待ち伏せ陣地から行動しながら、3両の戦闘車両の機能を奪い、その後射撃と覆帯で40名に上る敵将兵を殺害した。この戦闘で彼の戦車乗員たちも戦死したが、最期まで自分たちの軍人としての責務を果たしていった。

　1943年の12月に発生したファストフ市を巡る複数の戦車戦のひとつについて、P・ペトレンコ中佐が自らの回想録の中で語っている──

「中隊長も予想していた通り、空襲の後間もなく再攻撃が始まった。

今度は攻撃部隊の第一線に4両の戦車が進み、その後から装甲兵員輸送車群が続いている。

　可動状態にあった2両の34式の砲が動き出した。ヒットラー軍の最初の攻撃に応戦していた際に目標物に対して行った試射の精度が物を言った。松明のように燃え上がったのはパンターだった……。すると別のもその場でくるくると回り始めた。もう1発そこへ撃ちこむと、──燃え盛った！

　だがここで敵のゲンコツが左翼の戦車を破り、34式は燃え出した。車両からは誰も出てこなかった……。

　500mほど先の灌木から、こっそりと忍び寄ってきていたティーガーが突如として這い出てきた。そして長い砲身を不気味に振りながら、距離を縮めてくる。

　『鉄芯破甲弾、装填！』──中尉の命令が甲高く響き、全員を身構えさせた。

　持ち場に座っていた操縦手にも、射撃手兼通信手にも前方で何が行われているのかは見えない、──塹壕の胸壁が邪魔していたからだ。彼らの前方の戦闘の光景はすべて、中尉の命令の中でだけ繰り広げられていた。今日になって初めて、砲に鉄芯破甲弾の装填命令が聞かれた。それは、ティーガーかまたはフェルディナントといった装甲の強力な敵車両を相手にした危険な格闘に、乗員たちが向かいつつあることを意味していた。

　『準備完了！』──グレベンシチコフは報告し、視察装置に張り付いて、射撃の目標と結果を覗こうとした。

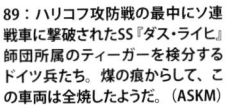

89：ハリコフ攻防戦の最中にソ連戦車に撃破されたSS『ダス・ライヒ』師団所属のティーガーを検分するドイツ兵たち。煤の痕からして、この車両は全焼したようだ。(ASKM)

『何だよお、いったーいッ！──おびえ切った装填手が思わず声を上げた。サーシャ［装填手の名前］が砲に鉄芯破甲弾を装填した相手のティーガーそのものが短い停車をし、砲塔を調整しつつ砲身を彼に真っ直ぐ向けたかのように思われたのだ。さらに次の瞬間──砲身が震え、灼熱に焼けるゲンコツを34式に対して吐き出した……。

『撃ってくださぁーーい』、──ありったけの大声で叫ぼうとした。が、その瞬間サーシャは叫ぶことも車長の方を向くことも間に合わなかった。同時に両方の砲が轟き、34式は砲塔の視察孔より下に対する強い衝撃で大揺れに揺れた。グレベンシチコフは振り飛ばされて落下し、頭をしたたかに打った。

　34式は一騎打ちに勝利を収め、ティーガーは燃料車のように火を噴いた。我が軍の乗員たちは車長の勇気と粘りのおかげで勝ったのだ。敵がしくじったのは神経のせいだ──砲身をちょっとばかり合わせ切らなかったため、ゲンコツは装甲板をかすっただけに終わったのだ。

『みんな生きているか?』──中尉は訊いた。

　ロマノフとコセノクは下のほうから応答した。グレベンシチコフは、彼自身に何が起こったのか、そしてどこに居るのか、まったく理解できなかった。だが、そこで中隊長の命令が飛んだ──『装填！』

　砲声がズドーンと響いた。そしてまた、目標命中だ。パンターがもう1両減った。

『中尉同志、2号車より戦車4両が救援に向かっているとのことです。持ちこたえるようにとのことです』、──と射撃手兼通信手のコセノクが車内通信装置で報告した。

『俺たちは持ちこたえているさ、──照準装置から目を離さずにアヌフリーエフは言い、再び撃発装置のペダルを押した。

　唯一陣地を守るT-34指揮戦車の乗員たちが4両目のパンターの機能を奪い、さらに複数の装甲兵員輸送車を炎上させると、ヒットラー部隊のこの攻撃も息切れした」

　ファストフ市攻防戦において第52親衛戦車旅団（第3戦車軍）のアレクサンドル・リャンガーソフ少尉指揮下の戦車乗員たちは敵を追撃しながら、歩兵搭載自動車10台と弾薬牽引車11台を殲滅した。だが、このT-34の行く手にはドイツ戦車群が立ちはだかった。リャンガーソフの乗員たちは4両の敵戦車を破壊することに成功したものの、自分たちのT-34もまた間もなく部分撃破された。それでも彼らは、戦車の中で生きたまま焼かれて死ぬまで戦闘を続けた。後にアレクサンドル・リャンガーソフにはソ連邦英雄の称号が追贈された。

　1943年の12月のキエフより西方での戦闘では、第1ウクライナ

90：第52親衛戦車旅団のソ連邦英雄、アレクサンドル・パーヴロヴィチ・リャンガーソフ少尉。彼のT-34/76は1943年11月5日、ファストフ市を巡る戦闘で敵の戦車4両と歩兵輸送自動車10台、弾薬積載馬車11台を破壊した。1943年11月10日戦死。（ASKM）

方面軍第60軍第4親衛カンテミーロフカ戦車軍団第13親衛戦車旅団のI・ゴールプ少尉率いるT-34戦車隊員たちが活躍した。ゲノーヴィチ町を巡る攻防におけるソ連側の攻撃のある日、ゴールプの戦車はドイツ戦車2両を倒した。

12月31日の夕刻、ジトーミル州ヴィソーカヤ・ペーチ村の争奪戦でイワン・ゴールプのT-34はさらに5両の敵戦車と5門の火砲を破壊し、1個中隊規模の歩兵を殲滅した。ゴールプの戦車は敵前に突進し、ドイツ軍部隊の退路を遮断し、40台を数える自動車と50台に上る荷馬車を鹵獲した。

最近になって、ゴールプの戦車乗員たちが1回の戦闘でティーガー3両とパンター2両を破壊したことと、彼らとその戦車自体も6発の被弾をして尚も生存していたとされることに、疑問の声が上がっている。I・I・ヤクボフスキーソ連邦元帥の著書『火中の大地』の叙述内容が多少誇張されている可能性は十分にあるが、ゴールプ少尉の軍功を完全に疑問視することはないと思う。それに、ソ連邦英雄への推薦が前線で安易に行われることはなかったからだ。

1943年12月20日は激しい戦車戦がジトーミル州のチョポーヴィチ駅地区で繰り広げられた。SS『ライプシュタンダルテ・アドルフ・ヒットラー』師団の戦車30両を相手とする不利な戦いに挑んだのは、第25戦車軍団第111戦車旅団所属のウラジーミル・ヴァイセル少尉のT-34戦車である。この日までの同車乗員たちの撃破記録には戦車2両と自走砲2両、装甲兵員輸送車2両があった。

ヴァイセル少尉は精密な射撃で2両の戦車を全焼させ、1両のパンターを部分撃破し、ドイツ歩兵の攻撃を停止させた。が、彼の戦車もまた炎上した。ヴァイセルは操縦手と一緒に消火に成功し、それからT-34は再び戦闘に入った。その後の戦闘でさらに1両のパンターが全焼し、もう1両が部分撃破された。このときドイツ軍の非爆発性砲弾が操縦手のハッチに命中した。操縦手と機銃手兼通信手が負傷した。乗員たちはいったん搭乗車を戦闘から離脱させることができた。ヴァイセルは装填手とともに負傷者たちを掩体に避難させ、損傷箇所を修理して戦車をまたもや戦闘に向かわせた。ヴァイセルの戦車は夕方に再度一部撃破されて少尉が戦死しても尚、陣地を維持することには成功した。

1944年8月25日、V・Z・ヴァイセル少尉にソ連邦英雄の称号が死後追贈された。そして彼がいた戦車軍団に新たに到着した戦車の1両には、ウラジーミル・ヴァイセルの名前が付けられた。この戦車はプラハまで戦いを続けた。長期間同車を指揮したのはI・S・ボロヴィン中尉である。戦後、『ウラジーミル・ヴァイセル』号はV・ヴァイセルの墓に設置された。

1943年12月24日から1944年1月16日にかけての戦闘において、

第1ウクライナ方面軍第1戦車軍第11親衛戦車軍団第45親衛戦車旅団のヴィトリド・ギントフト親衛曹長が操縦手として乗り込んでいたT-34は、戦車15両と火砲18門、自動車40台、機関銃17挺を撃滅した。

1944年1月11日、（第5親衛戦車軍）第29戦車軍団第31戦車旅団第277戦車大隊はカルロフカ村沿いの防御線（キロヴォグラード市の西20㎞）を占めた。カルロフカ村の解放を目指す戦闘では、G・I・ペネーシコ大尉が指揮する戦車クルーが活躍した。彼らの撃破記録は、戦車3両と装甲兵員輸送車8両、自動車30台、対戦車砲2門を数えた。

ドイツ軍は失った陣地を取り戻し、再びキロヴォグラードを押さえようと試みた。ドイツ軍の戦車攻撃のひとつに応戦する中で、ペネーシコの戦車乗員たちは距離150〜200mから2両のティーガーを部分撃破した。間もなく敵の砲弾が彼のT-34の砲塔を貫通した。ペネーシコと装填手が負傷した。このとき操縦手のグリゴーリー・ズーボフは自ら車長の位置に移り、敵戦車に対する砲撃を続けた。そうして彼は距離30〜50mからさらに2両のドイツ戦車を破壊することに成功した。負傷した乗員たちを助けた後、ズーボフは敵の砲撃が飛んでくる中で2両の被弾損傷したT-34を戦闘から離脱させた。1944年9月13日のこの戦闘についてグリゴーリー・ペネーシコとグリゴーリー・ズーボフはソ連邦英雄の称号を授けられた。だが1944年7月3日のミンスクから程遠くないピーリニツェ村での戦闘でズーボフの戦車は被弾損傷した。炎に包まれたT-34はドイツ戦車に体当たりし、乗員たちは両方とも戦死した。

1944年2月のコルスニ=シェフチェンコヴォ作戦の過程でI・N・ブラーノフ中佐指揮する第1独立親衛重戦車連隊がクラシーロフ市を攻撃する際、戦車中隊長のヴァシーリー・プリホッツェフ中尉が優秀な働きをした。ある戦闘の中で彼の戦車は6両のパンターを破壊した。彼のIS-1重戦車の装甲板には徹甲弾の弾痕が18箇所も残っていたが、それでも尚プリホッツェフの戦車は戦列に留まった。

やはりコルスニ=シェフチェンコヴォ作戦のある戦闘では、第48戦車旅団のエゴール・ボガーツキー大尉が7両のドイツ戦車を部分撃破した。

1944年の3月、プロスクーロフ市を巡る攻防戦で第54親衛戦車旅団（第3親衛戦車軍）第2戦車大隊長のS・ホフリャコフ少佐は、自ら8両の敵戦車を撃滅した。この戦闘に対してホフリャコフ親衛少佐にソ連邦英雄の称号が与えられた。

1944年3月25日のチェルノフツィ市を巡る戦いでは、第64親衛戦車旅団（第1戦車軍）所属のパーヴェル・ニキーチン親衛中尉の戦車乗員たちが7両のドイツ戦車を破壊した。だが、彼自身もこの

戦闘で戦死した。

　1944年3月26日にA・ペーゴフ中尉（第3親衛戦車軍所属）が指揮するT-70軽戦車の乗員たちはパンターを1両破壊し、別のもう1両を部分撃破した。T-70軽戦車に乗ってパンターと戦うことは、それこそ狂気の沙汰であった。

　ウクライナを舞台にしていかに執拗な戦闘が独ソ両軍の戦車部隊の間で続けられたのかを分かり易く示すために、もう1人の戦車隊員の例を挙げたほうが良いだろう――それは、第10ウラル義勇戦車軍団所属のソ連邦英雄、T-34戦車車長のグリゴーリー・チェサーク中尉である。彼は1944年3月のフリードリホフカ市（現ヴォロチースク市）攻防戦で活躍した。

「初日は我々のところは平静であった。警報なしに夜は過ぎた。朝になって、朝食を始めたばかりのとき、突然道路では自動小銃と機関銃の射撃が始まった。窓から覗くと、家屋の傍に立っていた34式が炎上したのが見えた。

　我々は道路に飛び出した。私が砲塔に入り込んだ途端、ゲンコツが砲塔を叩いて撥ね飛んだ。オフチンニコフが車両の運転を始めたところ、ドイツ人は我々に2発目を食らわせた。が、車体底部の下に当たってよかった。装甲板の塊が吹き飛んだだけで済んだ。

　叫び声が飛んだ――

『戦車どもが来るぞ！』

　私は覗き込んだ――街道を9両の重戦車が這い進んでいる。

　鉄芯破甲弾を用意した、――チェサークは回顧する、――そして戦車を掩体に退かせて待機する。先頭のティーガーが這い出てきた。我々はそれに対して2発の鉄芯破甲弾と2発の徹甲弾で、車体側面と覆帯にお見舞いした。我々との距離は80m以下だった。ティーガーは停車し、こちらに砲を旋回させる。我々はと言えば、――砲を狙った。そしてこれを5発目の砲弾で叩き折り、その後は機銃の球形銃座を、そしてエンジン部分を……と。そいつは煙を上げだした。

　それから素早く脇に移る。そこでもドイツ軍はこちらに対して砲火を開いた。我々が影に隠れていた家屋の角を奇麗に取り除いた。2番目のティーガーが現れた……。撃破された奴の隣で止まり、数発の砲弾を間近から家に向かって放ち、急ぐ風もなく先を進んだ。そいつが十字路に来るや否や俺たちは射撃を始めた。だが、煙の中では何も見えない――当たったのか、そうじゃないのか？　ドイツの戦車兵たちはどこにこっちの陣地があるのかに気付き、叩いてきた。家が粉々になる！　車両にも何発か命中した。

　さらに3両のティーガーたちが近づいてくる。そして忌々しげに家を叩きに叩く。家はすでに砂利の山となっていた。

91：第61親衛戦車旅団のソ連邦英雄、グリゴーリー・セルゲーエヴィチ・チェサーク中尉はヴォロチースク郊外の戦闘で1944年3月8日、ドイツ軍の重戦車を3両撃破した。（著者所蔵）

92：第10親衛戦車軍団第63親衛戦車旅団のT-34/76中戦車『グヴァルヂヤ』号の乗員たち（左から右へ）：戦車長A・V・ドドーノフ、射撃手兼通信手A・P・マルチェンコ、装填手N・I・メーリニチェンコ、大隊長P・V・チルコーフ、操縦手F・P・スルコフ。1944年7月22日、この戦車がウクライナ共和国リヴォフ市の中心部に先陣を切って突入した。（著者所蔵）

　我々はそんなものからちょっと離れて、射撃の圏内から脱出した。車両を見るために飛び出す——覆帯はまだ持ち堪えているが、転輪にはひびが入っている。そうしていると、こちらに修理隊員たちが駆けつけてきて、その場ですぐに車両を整備しだした。

　通りには3両の部分撃破されたティーガーが突っ立っている。ドイツ兵も戦友たちのところへ救援に急いだ。車両を取り囲み、こちらに砲を回した。我々は少し様子を見てから、破壊された家の方へ接近し、その陰からドイツ軍の自動小銃兵たちに対して4発の榴弾射撃をし、そしてまた後ろに下がった。

　飛び出しては隠れる。ついにドイツ軍は自分たちの不能になった車両を引っ張っていくことができなかった。

　夜間、ドイツ軍は別の方向から侵入してきた。照明弾を放ち、10mほど進むと立ち止まる。再び照明弾を放つ……。辺りは騒音と破裂音だらけ……。どこに味方がいて、どこにドイツ軍がいるのか見分けるのが難しい。我々はいったん通りに出ようとした。状況を見極めたかったからだ。すると照明弾が上がり、前方50mほど

のところにドイツ戦車が2両、そしてそれらの砲は真っ直ぐ我々に向けられている。即座に脇に逸れ、すんでのところで逃げ切った。

ティーガーたちは我が軍のT-34を狙った本物の狩りを始めた。4〜5両単位で1両を追う。私はそのような"狩人たち"のグループに気付き、3両を通過させて4両目に突っ込んだ。それは足を止めた。もう何発か送り込む必要があったが、こちらの砲がまるでわざとのように、つっかえて動かなくなった。撤退しなければならなくなったが、砲が修理された。そして再び街道に出た。自分の車両を失った顛末は次の通りだ。

我々は掩体に去った。隣には別の34式がいた。それが、ゲンコツで砲塔を吹き飛ばされた。そして、あろうことか……。その砲塔が我が砲塔を打ってつっかえさせ、砲をへし曲げてしまったのだ。我々はもはや、下部ハッチから……外に出た……」

グリゴーリー・チェサークの話を補足すれば、ウラル義勇戦車軍団の戦車兵たちがこの戦闘で鉢合わせとなったのは、どうやら独ソ戦線の当該戦区で戦っていた第503重戦車大隊のティーガーであったようだ。

もうひとりの戦車兵、IS-2重戦車操縦手のN・アントニーノフの話に耳を傾けよう──

「我が連隊（第73独立親衛重戦車連隊：著者注）は新しい戦車IS-2を受領した。我々はそれらをすぐに実地でテストすることになった。連隊は緊急で200㎞行軍を遂行し、コロムイヤ地区での戦闘に突入した（1944年3月末：著者注）……。

この戦闘ではIS-2とその兵装の優れた性能が完全に発揮された。私の乗員たちは敵の戦車と自走砲を6両と火砲数門を破壊し、約40名のファシストたちを倒した」

1944年7月2日、タツィンスカヤ第2親衛戦車軍団は白ロシア共和国の首都、ミンスクへの近接路に出た。第4親衛戦車旅団主力の前方ではドミートリー・フローリコフ親衛少尉の偵察小隊が行動していた。さらに7月26日と同27日の2日間に同小隊はドイツ軍の戦車2両と歩兵並びに弾薬を搭載した自動車100台を殲滅した。このドイツ自動車化縦隊とのドゥイモヴォ村沿いでの戦闘について、ドミートリー・フローリコフはソ連邦英雄に推薦された。推薦書にはこうある──「……フローリコフの乗員たちによって3日間の戦闘で破壊されたるはT-3戦車2両、自走砲3両、覆帯によって火砲2門と100台に上る自動車が踏み潰された。砲兵中隊1個と2両の可動戦車──T-6及びT-3が鹵獲された」。

1944年7月2日から同3日にかけての夜間に、フローリコフ親衛少尉指揮する3両の戦車が最初にミンスクに突入。市街戦でフローリコフの乗員たちは自走砲1両と高射砲2門、対戦車砲1門を撃滅し

た。

　1945年3月24日、ドミートリー・フローリコフにはソ連邦英雄の称号が授与されたが、授与式はあまりにも遅かった──1945年2月2日、彼は東プロイセンのある戦闘で戦死していたからだ。

　1944年7月14日に第1親衛戦車旅団（第1親衛戦車軍）の戦車中隊長、アレクセイ・ドゥーホフ親衛上級中尉はスヴィニューヒという集落を巡る戦闘で敵の自走砲1両を倒し、最大速度で敵の防御陣地に突撃した。7月15日に彼の戦車乗員たちはドイツ軍の戦車1両とさらに1両の自走砲を葬った。翌16日、彼の中隊はいくつかの集落を占拠し、ドイツ軍の重要な連絡線を遮断する。同じ日にドイツ側の反撃に応戦する中でドゥーホフはさらに2両の敵戦車を撃滅。また7月17日には彼の部隊は機動迂回してドイツ軍の抵抗拠点を潰し、そうすることで進撃部隊に西ブーク河への道を切り拓いた。

　1944年7月20日〜21日のリヴォフ市攻防戦では第93独立戦車旅団所属の、砲塔に『バエヴァーヤ・パドルーガ（女戦友）』と書いた、K・I・バイダ上級中尉指揮するT-34/76の乗員たちが優れた働きをした。これは、スヴェルドロフスク市（現エカテリンブルグ市）製麺工場労働者たちの供出金で購入され、しかも同じ言葉を冠したすでに2両目の戦車であった。最初の戦車は第63親衛チェリャビンスク戦車旅団の編制下で戦い、1943年の秋のとある戦闘で破壊されている。今度はリヴォフ攻防戦において『バエヴァーヤ・パドルーガ2号』は、11両の戦車と2個大隊規模の歩兵を殲滅した。

　『グヴァルヂヤ（親衛隊）』と砲塔に書かれた第10ウラル義勇戦車軍団第63親衛戦車旅団のA・I・ドドーノフ親衛中尉指揮下のT-34/76戦車が、1944年7月22日リヴォフ市の中心部に突入した。機銃手兼通信手のマルチェンコは友軍歩兵の一団と一緒に、市役所の庁舎に赤旗を掲揚した。ドイツ軍は赤旗を目に留めると、庁舎と戦車に対して猛射を始めた。マルチェンコは重傷を負い、間もなく死亡した。6日間に亘って戦車『親衛隊』は市内で戦闘を続けた。このとき乗員たちは100名を超えるファシスト将兵たちを抹殺し、8両の敵戦車を全焼させた。だが、ある1両のパンターがこのソ連戦車を炎上させた。ドドーノフ中尉は戦死し、操縦手のF・P・スルコフと装填手のN・A・メーリニコフは重傷を負った。

　1944年8月3日、第3親衛戦車軍団（第2親衛戦車軍）はワルシャワ地区で『ヘルマン・ゲーリング』師団戦車連隊の反撃を迎え撃っていた。そこへG・A・ソローキン親衛少尉の陣地に5両のドイツ戦車が向かってくる。それらを直接照準射撃の射程まで近づけてから、ソローキンの戦車はこのうちの4両を倒した。この戦闘ではまた、彼のT-34は装甲兵員輸送車10両と50名に上る敵将兵を殲滅している。ソローキンの戦車もこのとき部分撃破されたが、彼はそれでも

93：第383親衛重自走砲連隊のソ連邦英雄、ミハイル・イリイーチ・クリーモフ中尉。彼のISU-122は1945年3月3日から同11日にわたり、ヴァルデンブルク市とナウムブルク市での戦いでドイツ軍の戦車と自走砲あわせて16両を破壊した。

尚、さらにもう1両の敵戦車を体当たりで破壊した。

　1944年8月16日のポーランドはオーゼンブルフ町での戦いの際、ミハイル・クリーモフ中尉率いるT-34/76戦車乗員たちが1回の戦闘で4両のパンターを葬った。特記されるべきは、クリーモフの戦車は移動が不可能で、ひとつの場所からだけ射撃を行っていた点である。1945年の3月、すでに第3親衛戦車軍第9親衛機械化軍団第383重自走砲連隊の編制下でISU-122重自走砲の車長となっていたクリーモフ親衛中尉は、1945年3月3日から同5日にかけてのヴァルデンブルク市を巡る攻防戦においてドイツ軍の戦車と自走砲を12両破壊した。また、1945年3月6日と同11日のナウムブルク市の争奪戦では、ドイツ軍の反撃に応戦する際にクリーモフの自走砲は4両のドイツ戦車を倒した。だが間もなくミハイル・クリーモフも重傷を負った。1945年3月のナチス・ドイツ領内での戦闘で発揮された勇敢さと英雄精神について、彼には同じ年の6月に最高の称号であるソ連邦英雄が与えられた。

■虎の王を狩るハンター

　1944年8月の独ソ戦線には新型の重戦車ケーニヒスティーガーが登場した。これは68tの重量と180〜150㎜の前面装甲を持ち、通常のティーガーよりもさらに強力な88㎜砲を搭載していた。ケーニヒスティーガーたちとの最も有名な戦闘は、1944年8月12日にポーランドのオグレンドゥフ村で発生した。アレクサンドル・オーシキン親衛少尉（第3親衛戦車軍第6親衛戦車軍団第53親衛戦車旅団）指揮するT-34/85戦車は、待ち伏せ陣地にいるときに、独ソ戦線で初めて新型のドイツ重戦車に直面した。怪物の側面に射撃を開始し、オーシキンの乗員たちは敵戦車3両（別の資料では2両）を撃滅することに成功した。それらがまさしくドイツの最新重戦車ケーニヒスティーガーだったことが判明した。

　近年発表されている装甲兵器に関する複数の文献の中では、A・オーシキンとドイツの新重戦車との戦闘結果に疑問が呈されている。しかし、1944年8月12日にポーランドのオグレンドゥフ村の待ち伏せ陣地にいたT-34戦車2両のうち、85㎜砲を持っていたのはオーシキンのT-34だけであった。他にどのソ連戦車も近くにはいなかった。この戦闘地区にいた第294狙撃兵連隊第2大隊もまた、ケーニヒスティーガーと戦う能力を持つ対戦車兵器は保有していなかった。

　ここでアレクサンドル・オーシキン自身のこの戦闘に関する話に耳を傾けてみよう——

「縦隊は延々とのび切って次第に近づいてきていた。先鋒の戦車の灰濁色の車体には、もう黒い十字がはっきり判るようになってきた。

94：第53親衛戦車旅団所属の戦車長にして、ソ連邦英雄のアレクサンドル・ペトローヴィチ・オーシキン中尉は、サンドミール橋頭堡で3両のケーニヒスティーガーを撃破した。1945年撮影。

すると、一番先頭の戦車が停車した。その後ろにある程度の距離をとって他の車両も立ち止った。私は車両を14両ほど数え上げた。好機だ──戦車たちは我が砲に対して真っ直ぐ側面を向けて立っている。

　『先頭車を撃て！──私は命令した。発射。それから次発、第3発と続く。一瞬の後、炎が最初の戦車を照らすのが見えた。さらに発射、もう1発、そしてもう1発。新たな松明が窪地の向こう側に立ち昇った。縦隊の最後尾にいたファシストたちの戦車は、向きを変えて後退し始めた。その1両は砲口を我々の方に向けた。今やすべてが秒単位で決する。

　我々の射撃がファシストたちのそれに先んじた。ヒットラー軍の戦車に対する打撃は精確だった。夜明け前の朝がもうひとつの松明で輝いた。

　ファシストたちの戦車が慌てて後退を始めたとき、我々は無線で旅団長と連絡を取った。我々のところへは34式が救援に向かっていた。それらの戦車はファシストたちの跡を追う。炎上している敵車両の場所へ専門家たちが到着し、次のことが明らかとなった──我らが乗員たちが戦っていた相手は、ヒットラー軍がかくも大きな期待を寄せていた"コロリョーフスキー・チーグル"［ケーニヒスティーガーの露語風の呼び方＝Королевский Тигр］であった』

95：モスクワの戦利兵器展に展示されたⅥ号戦車B型ケーニヒスティーガー。1945年。砲塔側面には「装甲100㎜」と記され、さらに「57㎜砲鉄芯破甲弾により装甲貫通」と貫徹孔が矢印で示されている。車体側面にも「装甲85㎜」の文字と貫徹孔が見える。

96：A・オーシキン少尉のT-34/85戦車。1944年8月、オグレンドゥフ市の路上で撮影。(ASKM)

　A・P・オーシキンの言葉は第53親衛戦車旅団長のV・S・アルヒーポフ親衛大佐も証明している——
「そうこうしているうちに、窪地から2両目の怪物が這い出し、その後3両目も姿を見せた。それらはかなりの時間的間隔をとって出てきていた。窪地から3両目が出る間に、1両目はすでにイヴーシキンの待ち伏せ陣地を通り過ぎた。『撃ちますか?』——彼は訊いた。——『撃て!』。オーシキンの戦車が立っている干草の山がかすかに動くのが見えた。束が下にずり落ち、砲身が覗いた。それがひと揺れした。そしてもう一度揺れ、さらにもうひと揺れした。オーシキンは射撃をしていたのだ。私は双眼鏡の中にはっきりと、敵戦車の右側面に4個の貫通弾痕が現れたのを見た。そして煙も出てきて、炎も噴き出した。3番目の戦車は正面をオーシキンのほうに向けた。が、破砕された覆帯とともにずり落ちて立ち止まり、止めを刺された……」
　さらに3両の第501重戦車大隊所属のケーニヒスティーガーが、この翌日に第71独立親衛重戦車連隊のウダロフ親衛上級中尉が指揮するIS-2によって破壊された。
　1944年8月13日は第3親衛戦車軍第6親衛戦車軍団第52親衛戦車旅団の戦車隊員であるV・トカレフ上級中尉とS・クライノフ少尉が、

143

1回の戦闘でそれぞれ8両と6両の敵重戦車を撃滅している。

　重戦車ティーガーの戦闘運用に関する外国の文献では、1944年8月21日現在の第501大隊の中で戦列に残っていたのは12両のケーニヒスティーガーで、また27両は修理を必要とし、6両だけが全損であったと主張されている。実際には同大隊は12両のケーニヒスティーガーを全損で失っていた（そのうち3両はオーシキンのT-34/85、3両はウダロフのIS-2、さらに3両が同じく第71連隊クリメンコフ親衛上級中尉及びベリャコフ親衛中尉のIS-2（各々2両と1両）によって撃破され、もう3両の完全可動状態の戦車がソ連戦車部隊によって戦利品として鹵獲された）。このように、サンドミール橋頭堡において第501大隊は事実上壊滅したのである。

　もうひとつ興味深い事実がある──それは第1親衛戦車旅団（第1親衛戦車軍）の戦車兵たちが、ウラジーミル・ジューコフ少佐指揮下の戦車大隊がポーランドのある集落に仕掛けた夜襲でドイツ軍の正体不明の戦車16両と遭遇した際に、13両（！）もの可動ケー

ニヒスティーガーを鹵獲したことである。これらの戦車の中に乗員たちはいなかった——戦車兵たちは農家で寝ていたのだ。攻撃はあまりに予想外であったらしく、3組の乗員だけが自らの戦車のハッチに飛び込み、大急ぎで逃げ去ることに成功し、残りはソ連親衛戦車兵たちに捕まった。第1親衛戦車軍司令官のM・E・カトゥコフ大将は戦利品を検分すると、新型ドイツ戦車の大きさに驚いた。軍司令官はハッチを覗き込んでこう言った——

「とんでもないオモチャだな！　砲塔ハッチだけでも30ミリほどある。こんな戦車が生きたまま34式に捕まりやがった！」

このエピソードは同軍の軍事会議審議官であったN・K・ポーペリ中将の著書『前方にベルリンあり！』の中から抜粋したものだ。同書ではこれは1944年夏（サンドミール橋頭堡における戦闘時）のこととされているが、むしろ1945年の出来事とすべきであろう。

■1944年8月～12月

1944年8月24日から同29日の間に第6親衛戦車軍第5親衛戦車軍団第21親衛戦車旅団のボリス・グラトコフ親衛少尉指揮する戦車乗員たちが、ルーマニア解放戦においてコズメシュチ駅地区のセーレト河にかかる橋を通って敵防衛線を突破し、この橋を奪取、所属大隊の主力が到着するまで守り通した。この戦闘で彼らは敵の戦車1両と自走砲6両、火砲10門を破壊した。1945年3月24日、親衛上級中尉となっていたB・V・グラトコフと彼の戦車の下級操縦手V・Kh・イワノフにソ連邦英雄の称号が授与された。だが、V・Kh・イワノフは勝利の日まで生き延びることはできなかった。彼は1945年4月13日に戦死したからだ。

1945年3月24日はソ連邦最高ソヴィエト幹部会令によって、第6親衛戦車軍の中からもう一人の戦車兵、ミハイル・コスマチョフ親衛上級軍曹にソ連邦英雄の称号が授けられた。賞状に戦車大隊長のロバチョフ親衛少佐はこう書いている——

「コスマチョフ親衛上級軍曹は戦闘において勇敢さと大胆さを発揮した。ヴイルラド市攻防戦では待ち伏せ陣地にあって、自分の乗員たちとともに敵の自走砲3両とT-Ⅳ戦車1両を撃滅した。フォクシャーヌィ市を巡る戦闘では彼の乗員たちは自走砲1両と重火器2門、120名に上る歩兵を殲滅、可動迫撃砲8門と小銃400挺、軽機関銃10挺を鹵獲した。ブイゼト市を巡る戦闘においては彼の戦車乗員たちが敵の中口径砲3門、自走砲2両を破壊、300名に上る将兵を掃討した。ブイゼト市ではコスマチョフの搭乗車を含めた3両の我が戦車が自動車と全輪駆動車の縦隊3個を捕獲した。コスマチョフの乗員たちが最初にセーレト河にかかる橋に突入し、そこで中口径砲中隊1個を殲滅し、戦車及び自動車の縦隊1個を四散させ、主力

97：V・ウダロフ上級中尉のIS-2重戦車。第71独立重戦車連隊、サンドミール橋頭堡、1944年8月。（ASKM）

98

98：ポズナンニの市街戦でT-34/85中戦車に撃破された、パンターPz.V Ausf.G。1945年。（ASKM）

部隊の接近まで橋を守り通した。ルイフォフ村を巡る戦闘では彼によって敵の守備隊が壊滅し、可動状態の砲6門と照空灯1基、弾薬庫3棟が鹵獲された。

ソ連邦英雄の称号の受称に相応しい」

1944年12月13日、コスマチョフ親衛上級軍曹はハンガリー領内で戦死した――彼のT-34は砲塔に敵の砲弾が命中して爆発したのだ。

1944年8月のルーマニアの都市プロエシュチを巡る攻防戦では、同じく第6戦車軍の第5機械化軍団第233戦車旅団所属のK・I・ステパーノフ少尉指揮下の戦車クルーが、ドイツ軍の反撃に応戦する際に5両の敵戦車を撃破した。

デブレツェン市の争奪戦で優れた活躍をしたのは、第2ウクライナ方面軍第6親衛騎兵軍団第13騎兵師団第250親衛戦車連隊長、イオヴレフ親衛大尉の戦車乗員たちである。1944年10月8日から同18日の間に彼の乗員たちは戦車10両と火砲6門、装甲兵員輸送車6両、高射砲4門、弾薬庫1棟、それに多数の敵将兵を殲滅した。程なくして彼は重傷を負い、それが元で死亡した。1945年4月28日、彼にソ連邦英雄の称号が追贈された。

もうひとつ、1944年10月10日に発生した戦車戦については、F・I・ガールキン技術少将の回想から窺い知ることができる――

「ロシチン親衛少尉（当時第5親衛戦車軍第29親衛戦車軍団の中で戦っていた：著者注）を覚えている。34式に乗って河を突っ切ったロシチンは、渡河中の我が車両に対して3両の敵戦車が射撃しているのを発見した。司令部に報告する時間はない、決定は自分で下さねばならない、――それも即座に。ソ連戦車1両に対してファシスト戦車は3両だ！……。どっちにしろ攻撃に行かねばならぬ……。ロシチンはこっそりと、最も近い敵戦車に近寄り、最初の砲弾でこれを炎上させた。続く2発の砲弾で彼は、最初の車両から300m離れていた2両目の車両を部分撃破した。今や兵力は互角になった。だが、白黒の十字を装甲板に描いた3両目の戦車乗員たちは危険に気付き、接近しつつある34式を迎え撃つべく砲塔を旋回した。灌木の間を動き回りながらロシチンは敵の砲弾を避けた。道はきれいになった。我らが戦車兵たちは河をまっしぐらに渡っていった」

28両の撃破された敵戦車が第18戦車軍団第170戦車旅団のヴァシーリー・ブリューホフ中尉の記録に数えられ、しかもそのうち9両は彼が自分のT-34/85に乗ってヤッスィ・キシニョフ作戦の15日間で全焼させたものである。ただし、彼の戦車乗員たちに支払われた報奨金は破壊された9両分のみであった。

ヴァシーリー・ペトローヴィチ・ブリューホフの例からは、赤軍

内部でどのようにして敵戦車撃破数が管理されていたのかがよく分かる。何よりもまず、戦果の数を過少に記録することは、各撃破戦車に対する報奨金の支払いの制度と関係していた。ドイツ戦車1両の破壊につきソ連軍の戦車乗員たちは次の報奨金を受領していた──

　戦車車長、戦車砲長（砲塔）、操縦手は各500ルーブル
　装填手、通信手は各200ルーブル

　戦車乗員たちが戦死した場合は、報奨金は国防基金に振り替えられた。すでに触れたとおり、破壊されたドイツ戦車については戦車兵だけでなく、歩兵や砲兵、工兵その他も自分たちの記録とすることができた。例を挙げると、対戦車ライフルの照準誘導員は部分撃破または炎上した戦車1両につきやはり500ルーブルを、また2番照準誘導員は250ルーブルを受け取っていた。小火器で敵戦車を部分撃破したり、炎上させた場合は1,000ルーブルの報奨金が設定され、戦車の破壊に兵の集団が参加した場合は報奨金の総額が1,500ルーブルに上った。それゆえ、戦果の水増しや偽りの戦車撃破に対する法外な支払いを避けるため、戦果の数が抑制され、ときには明らかに不当に減らされることもあった。

　第30親衛重戦車連隊（第3ウクライナ方面軍第46軍第2親衛機械化軍団）の編制下で戦っていた戦車小隊長のウラジーミル・ガリペルン親衛上級中尉は、1944年12月のある戦闘でドイツ軍の戦車6両と火砲10門を部分撃破し、数十名の将兵を殺害した。1944年12月25日、ブダペストを巡る戦闘でウラジーミル・イヴァーノヴィチ・ガリペルン親衛上級中尉は戦死した。1945年3月24日、彼にソ連邦英雄の称号が死後追贈された。

■1945年──最後の大攻勢開始

　1945年1月13日は第10親衛ウラル義勇軍団第61親衛戦車旅団長のN・G・ジューコフ中佐が、ポーランドの集落レースフの攻防戦で自ら7両のドイツ戦車を破壊したが、彼自身もそのT-34の弾薬にドイツ軍の徹甲弾が命中して戦死した。

　オーデル河の戦いで優れた活躍をしたのは、第62ペルミ親衛戦車旅団第1大隊所属のT-34/85の照準手をしていたエゴール・クリーシン親衛曹長である。彼は待ち伏せ陣地から、戦車7両（別の資料では6両）と装甲兵員輸送車4両、自動車7台、70名に上る敵将兵を殲滅した。1945年1月30日のシュタイナウ市の奪取においては、第61親衛戦車旅団第2戦車大隊の戦車車長、パーヴェル・ラブース少尉が15両のドイツ戦車を破壊した。またシュタイナウ争奪戦では、T-34/85を操縦していたイワン・コンドウーロフ親衛曹長も大きな働きをした。オーデル河を渡って橋頭堡を堅持する上で、

99：第61親衛戦車旅団のソ連邦英雄、パーヴェル・イヴァーノヴィチ・ラブース少尉。1945年1月31日、彼の率いる戦車乗員たちはシュタイナウ市を巡る戦闘で敵の戦車6両と自走砲2両、装甲兵員輸送車3両を破壊した。（著者所蔵）

100：ベルリンへの近接路を進む第2親衛戦車軍所属のT-34/85中戦車縦隊。1945年4月。（ASKM）

101：ベルリン近郊のT-34/85中戦車。1945年4月。（ASKM）

102：ドイツのある都市を走り抜ける重自走砲ISU-122。1945年春。（ASKM）

100

101

102

103

当時は戦車操縦手、後に戦車車長となる彼は、乗員たちとともにティーガー2両とⅣ号戦車3両、自走砲1両、装甲兵員輸送車4両、自動車17台を撃破し、250名の敵将兵を殺害した。

第61親衛戦車旅団参謀長で後に同旅団長となるV・I・ザイツェフ中佐の、1945年2月18日のドイツのベナウ市地区での戦車戦についての回想——

「森の北方から敵戦車の一群が接近していた——我々は3両の戦車を認め、残りは森が隠していた。先頭戦車（T-34/85:著者注）の砲長［照準手］、スナイパーのテベリコフ親衛曹長に敵戦車の全焼を命じる。心中では多くを期待していなかった——薄い夕闇、それに目標までの距離が1,500mはある。だがテベリコフは最初の射撃で先鋒の戦車に火を放ち、2発目で3番目に走行していた車両を燃やし、3発目で炎上する戦車の間に取り残された2番目の戦車を焼いた。3つのめらめらと燃える戦車の焚き火は、残る車両の道を塞いだ……」

第10親衛ウラル義勇戦車軍団が戦争中に一団の熟練戦車戦士たちを育て上げたことにも興味を覚えずにはいられない。彼らの氏名は次の通りである——

　　　　M・クチェンコーフ親衛中尉：戦果32両、
　　　　N・ヂヤチェンコ親衛大尉：戦果31両、
　　　　N・ノヴィーツキー親衛曹長：戦果29両、
　　　　M・ラズモーフスキー親衛少尉：戦果25両、
　　　　D・マケーシン親衛中尉：戦果24両、
　　　　V・マルコフ親衛大尉：戦果23両、
　　　　V・クプリヤーノフ親衛上級軍曹：戦果23両、
　　　　S・ショーポフ親衛曹長：戦果21両、
　　　　N・ブリープキー親衛中尉：戦果21両、
　　　　M・ピーメノフ親衛曹長：戦果20両、
　　　　V・モチョーヌイ親衛中尉：戦果20両、
　　　　V・トカチェンコ親衛軍曹：戦果20両。

　　第61親衛戦車旅団長のV・I・ザイツェフ中佐の主張によれば、彼の旅団だけで32名の戦車スナイパーがおり、彼らの記録は第10親衛戦車軍団が破壊した装甲兵器の3分の2を占め、しかもそのうちの最も戦果の多い12名の戦車兵たちはそれぞれ敵の装甲兵器を20両から32両破壊し、彼らのうち10名がザイツェフ旅団の中で戦っていた。大いに残念なことには、旅団長はその回想の中でこれらスナイパーたちの名前を紹介しないままだった。

　　IS-2重戦車の乗員たち（第30親衛重戦車旅団）はイワン・ヒツェンコ親衛中尉の指揮の下、ドイツ戦車による攻撃に応戦する際に8両の敵戦車を破壊した。

　　第30親衛戦車旅団政治課長、F・K・ルミャンツェフ戦車大佐の回想に耳を傾けてみよう——

　　「2日間ナーレフ橋頭堡地区での戦闘が続いていた。我々の右隣はやや遅れ、旅団の右翼を露出させていた。ヒトラー軍はそこに戦車による鉄拳を打ち込んできた。このような光景を目の当たりにしたことはなかった——炎と鉄が果てしなく続く。誰が誰に勝っているのか？　戦闘のこの危機的瞬間にイワン・ヒツェンコ中尉の小隊は右翼の防御をなんとしてでも堅持せよとの命令を受ける。

　　イワン・ヒツェンコ戦車車長は敵の先鋒戦車を攻撃する決断をした。するとティーガーは砲塔を旋回させ、またぱっくりと開いた砲口が目標を物色しているのをヒツェンコは視察孔から目にした。これらすべては秒単位の動きだ。もはや一瞬たりとも逸してはならない。今に敵は発射する……。が、ヒツェンコはすでに向きを変え、徹甲弾は彼の車両を掠っただけだった。今度は"トラ"がソ連戦車の砲口に横腹をさらした格好となった。そして射撃は的を外さなかった。

　　ヒットラー軍が我を失った一瞬に乗じて戦車はさらに数発の砲弾

103：ベルリンへと進む第4親衛戦車軍第10親衛戦車軍団所属のT-34/85中戦車。1945年4月。（ASKM）

を送り込んだ。すでに3両目のファシスト戦車が燃え出している。ヒツェンコは敵の憎悪に満ちた射撃にもかかわらず、ヒットラー軍縦隊の翼部に出て、しんがりの車両に体当たりする。ティーガーは静かになり、ちょっと街道に向きを変えてから炎を吐き出した。数秒後にはさらに2両の敵戦車が火焔に包まれていた。この驚くべき戦闘を目撃した者たちは、ヒツェンコ戦車小隊長が発揮した驚異的な迅速さ、類稀な着眼力と勇気、そして勝利への意志に歓喜せずにはいられなかった。

　だがファシストたちは指揮官の戦車に対する試射を済ませていた。その周囲は砲弾の炸裂による炎の輪がすでに狭まりつつあった。そして、何発かの砲弾がIS-2に次々と命中した。

　ところが、敵に射殺されて炎上する戦車が、突然息を吹き返した。動きを止めていたその砲塔が旋回を始め、砲火が開かれた。燃えるIS-2は的を外さずにさらに1両のティーガーを叩き、それからもうあと1両に命中させた。ファシストの戦車たちは煙に包まれながら永遠の眠りに就いた。

　これが、勇敢な乗員たちの最後の射撃だった。彼ら――イワン・ヒツェンコ車長、砲長のピョートル・バーコフ曹長、装填手のイワン・シチェルバーク上級軍曹、操縦手のヴァシーリー・ボリーソフ少尉――は全員、生きながらにして焼かれた。だがヒットラー軍は右翼を突破できなかった。

　この戦功に対して、イワン・ヒツェンコはソ連邦英雄の称号を授与された」**

　イワン・ボリーソフ少尉の戦車乗員たちはチェコスロヴァキア解放の戦いにおいて、1945年2月17日から同19日にかけてグロン河右岸の集落ソルディーヌィ付近で、敵の戦車8両と装甲兵員輸送車5両を葬った。この戦闘についてI・F・ボリーソフ少尉には1945年4月28日にソ連邦英雄の称号が授与された。

　1945年2月22日、同23日の2日間、第36親衛戦車旅団（第7親衛軍第4親衛機械化軍団）在籍のイワン・チェプタートフ親衛少尉指揮するT-34/85小隊は、集落バルト（チェコスロヴァキア）の地区で防御にあたりつつ、26両の敵戦車を殲滅した。特記すべきは、彼の小隊の2両の戦車が2月22日に部分撃破され、翌日2月23日に防御を維持していたのはただチェプタートフの戦車1両のみであったことだ。彼のT-34戦車乗員たちは2日間の戦闘で戦車18両と装甲兵員輸送車5両、迫撃砲11門を破壊し、250名を超える敵将兵を掃討した。***

　ベルリン攻防戦においては1945年4月16日から同19日の間に、第1親衛戦車軍第11戦車軍団第65戦車旅団の戦車小隊長、イワン・グニロメードフ中尉の搭乗車が敵の戦車8両と突撃砲3両、対戦車

【**】イワン・ヒツェンコ親衛中尉のソ連邦英雄候補推薦書には、彼の乗員たちによって5両の敵戦車が破壊されたとある。

【***】I・S・チェプタートフ親衛中尉のソ連邦英雄候補推薦書には次のように記されている……「I・S・チェプタートフ親衛少尉は1945年2月17日のグロン河の橋頭堡を巡る攻防戦において、敵の戦車5両と突撃砲2両を破壊。その後、集落カメニンを巡る戦闘では彼の乗員たちはさらに4両の戦車と3両の装甲兵員輸送車を全焼させ、多数の敵将兵を殲滅した」。

104：第36親衛戦車旅団のソ連邦英雄、イワン・ステパーノヴィチ・チェプタートフ少尉。彼のT-34/85はグロン河（チェコスロヴァキア）の橋頭堡をめぐる戦いで、戦車9両と突撃砲2両、装甲兵員輸送車3両を破壊した。

105：第53親衛戦車旅団のソ連邦英雄、アレクサンドル・イヴァーノヴィチ・ミリュコーフ少尉。彼の戦車乗員たちはベルリン攻防戦で敵の戦車2両と対戦車砲4門、機関銃6挺を破壊し、130名に上る将兵を殲滅した。（ASKM）

砲3両を撃滅した。ベルリンへの突撃に参加したI・A・グニロメードフ中尉には、1945年5月31日にソ連邦英雄の称号が贈られた。

1945年4月16日、第16機械化旅団第240戦車連隊（第7機械化軍団）の戦車小隊長であったI・S・ミレンコフ少尉は、集落グストペーチェ（チェコスロヴァキア）を巡る戦闘の際、237.0高地付近でドイツ戦車4両を破壊したが、そのうち2両はパンターであった。しかも、このうちの最後の敵戦車と対戦車砲をミレンコフの乗員たちは燃える戦車の中で仕留めたのであった。戦闘の過程で乗員たちは皆負傷し、照準手のS・M・バーブシキンは殺害された。2日間の戦闘でI・S・ミレンコフの戦車乗員たちは戦車6両と対戦車砲2門及びその射撃班、そして50名の敵将兵を殲滅した。

1945年4月18日、ブルノー市攻防戦ではシャギー・ヤマレッヂーノフ親衛曹長の戦車乗員たちが優秀な活躍をした。同市を巡る4時間の戦闘で彼らは戦車5両と対戦車砲6門、装甲兵員輸送車3両、230名を超える敵将兵を破壊、殺害した。1946年5月15日、Sh・ヤマレッヂーノフ親衛曹長にソ連邦英雄の称号が授与された。

同じくベルリン攻防戦では、第3突撃軍第9戦車軍団第23戦車旅団第267戦車大隊所属のアレクセイ・ゴゴノフ上級中尉の戦車乗員たちの働きが目立った。1945年4月17日から同30日にかけてのベルリン市への近接路、そして市内の戦闘で彼の乗員たちは戦車2両と自走砲5両、各種口径砲9門、自動車13台、牽引車3台を撃破した。ゴゴノフの乗員たちは先頭を切ってシュプレー河を渡河し、その後は帝国議会議事堂（ライヒスターク）の突撃に参加していたある部隊を支援した。

■体当たり攻撃

戦場において体当たり戦法を、しかもときに一度ならず採用した戦車兵たちについても思い起こしておくべきだろう。

1941年7月12日のルーガ郊外で、1回の戦闘で3回の体当たり攻撃を敢行したのは、副ポリトルークのニコライ・トマシェーヴィチ曹長が操縦手を務めていたKV重戦車の乗員たちである（車長のウシャコフ上級中尉は戦闘中に殺害されていた）。この戦闘車両はヴャーズニコフ中佐の機動戦車集団（レニングラード方面軍）の編制下にあった。1941年12月13日には第20山岳騎兵師団第27機甲大隊所属のニコライ・オブハン軍曹が指揮し、P・A・トライニン曹長が操縦するBT-7軽戦車の乗員たちが、モスクワ近郊のクビンカのすぐ隣に位置するデニシーハ村地区での戦闘において、砲撃でドイツ軍の中戦車Pz.Ⅲを破壊し、さらに2両のPz.Ⅲ中戦車（！）を体当たり攻撃で不能にした。しかも、このうちの1両は"ベーテーシカ"［BT快速戦車の愛称］によって崖からオゼルキー河に突き落とされた。

体当たり戦法を三度にわたって採用した戦車兵の中には、第32戦車旅団（第5親衛戦車軍）所属のT-34戦車操縦手、ミハイル・ラゴージン曹長もいた。また、ヴァシーリー・ボガチョフ大尉は自ら戦車を操縦して、これまた3回も敵戦車に体当たりをしたが、当時彼は第43戦車師団第43独立偵察大隊の参謀長であり、後に同師団第10戦車連隊の大隊長となった。

　クルスク戦線のスモローヂノ村（ベールゴロド州ヤーコヴレヴォ地区）の戦闘で1943年7月6日、第25親衛戦車旅団（第2親衛戦車軍団）のKV重戦車を操縦していたイワン・ブテンコ親衛中尉は2度の体当たりを実行した。この戦闘だけでブテンコの乗員たちは3両の敵戦車を破壊した。イワン・エフィーモヴィチ・ブテンコは1943年10月21日に戦死する。ソ連邦英雄の称号が彼に死後贈られたのは1944年1月10日のことであった。

　やはり1回の戦闘で二度の体当たりを敢行した戦車兵に、Р・ザハルチェンコ上級中尉率いるT-34戦車のクルーがいた（所属部隊不明）。この戦車の操縦手、М・クリフコーはドイツ軍の中戦車Pz.Ⅲに2回激突した。

　4回もの体当たりを繰り返したソ連邦英雄は、第23戦車旅団のアレクセイ・ボーソフ大尉である。1941年11月18日、第23戦車旅団所属のKV重戦車5両からなる戦車大隊はアレクセイ・ボーソフ大尉の指揮下、集落デニコーヴォを巡る攻防で12両のドイツ中戦車

106：戦闘を終えた第7親衛戦車軍団所属のT-34/85中戦車『スヴォーロフ』号の乗員たち。ベルリン、1945年5月。『スヴォーロフ』はロシア近代兵学を確立した18世紀の軍人（大元帥）。（ASKM）

を相手にした格闘に入った。ボーソフ大尉のKVはこの戦闘でドイツ戦車4両（！）を体当たり攻撃し（別の資料では、部分撃破となっている）、銃砲火と覆帯で100名に上る敵将兵を殲滅した。戦闘をしながらデニコーヴォ村を通過する中で、ボーソフのKVは偽装された偵察機に鉢あたり、これを踏み潰した。この同じ日にボーソフの戦車クルーはさらにもう1回の戦闘で7両の軽戦車を破壊している。撤退するドイツ軍部隊をイーストラ近くのゴロヂシチェ村沿いに追撃する中で、ボーソフの搭乗車は火を放たれたが、彼の乗員たちは戦闘を止めず、弾薬が爆発するまで続けた。

　ドイツ軍の装甲列車に対する体当たり攻撃は2件分かっている——1944年6月26日にゴーメリ州チョールヌィエ・ブローディ村地区で第11親衛戦車軍団第15親衛戦車旅団のドミートリー・コマロフ親衛中尉が率いるT-34（M・A・ブフトゥーエフ操縦手）が、そして1944年8月4日に第9機械化軍団第47親衛重戦車連隊戦車中隊長であったレオニード・マレーエフ親衛大尉の乗る戦車が、レール上のドイツ軍の要塞に激突した。ここでは、コマロフ車の乗員たちは敵の装甲列車に突っ込む前に火砲2門を破壊しており、体当たりの結果列車中の装甲車両3両を不能にさせたことを指摘しておきたい。

■自走砲クルーの戦果

　とても残念なことに、ソ連の自走砲隊員たちの戦果については戦車隊員たちのそれよりも知られていない。

　クルスク戦のさなかの1943年7月8日、第1450自走砲連隊のR・V・トライニコフ中尉指揮するSU-122自走砲は待ち伏せ陣地から2両のドイツ戦車を破壊した。1943年7月10日にはA・B・レシチンスキー中尉指揮下のSU-122の乗員たちが、これまた待ち伏せ陣地から3両の敵戦車を倒した。1943年7月14日は、同じく第1450自走砲連隊に所属するSU-122自走砲中隊長のS・S・ミローノフ上級中尉がやはりドイツ戦車3両を葬った。

　1943年8月10日、サチコーフスキー少佐（第13軍）のSU-152重自走砲はオリョール方面での最初の戦闘で10両ものドイツ戦車を破壊した。

　1943年10月31日のドニエプロペトロフスク州ネダイヴォダー村地区での戦闘中に、第1438自走砲連隊のSU-76軽自走砲照準手、I・A・ローロタ上級軍曹は敵の反撃に応戦する中で、戦車4両と自走砲2両、野砲6門、自動車4台を撃滅した。この戦闘でI・A・ローロタ上級軍曹は勇敢なる戦死を遂げた。彼にはソ連邦英雄の称号が死後追贈された。

　1944年3月6日、SU-85自走砲中隊長のグリゴーリー・タンツォ

ーロフ親衛少尉（第4親衛戦車軍団）はズバーラシ駅を巡る戦闘でドイツ軍の装甲列車の機関車及び装甲車両を砲撃で大破させ、装甲兵員輸送車2両を破壊した。タンツォーロフの自走砲隊員たちは燃料・オイル倉庫1棟を押さえた。3月10日の夜襲の際にはタンツォーロフの自走砲はテルノーポリ市の南端に突入した。ここで彼のSU-85は3両のⅣ号戦車の攻撃を受けた。しかし、石造の建造物の間を縫って動き回り、敵車両をすべて部分撃破した。敵はまた75㎜対戦車砲中隊を展開させた。ところがタンツォーロフの自走砲は、それがまだ陣地を占めている最中に発見し、2門の対戦車砲を破砕した。やがてタンツォーロフの自走砲も命中弾を受けて炎上したが、乗員たちは車両を棄てず、全員が死ぬまで戦い続けた。

　第399親衛自走砲連隊のエフィーム・ドゥードニク中尉が指揮するISU-122重自走砲の乗員たちは、プロスクーロフ市の攻防戦で敵戦車を8両、またクリメンコーフ親衛少尉のISU-122は11両をそれぞれ倒した。クリメンコーフ少尉のある戦闘について、第399自走砲連隊長のコブリン中佐は従軍記者のユーリー・ジューコフにこう語った――

「……貴方はこういう光景が想像できるだろうか……。今も覚えている通り、559.6高地。軍司令官ルィバルコは我々と一緒にいた。クリメンコーフの自走砲はすぐそこにいる――本部の警護中だ。事務的な会話が行われている。すると突然、左のほうからドイツ戦車たちがやってきた。18両もだ！　縦隊になって進んでいく……。何が起きるのか？　ルィバルコはわずかに表情が変わる――両頬に力瘤が入った。傍に立っていたクリメンコーフに命令する――

『射撃でドイツ戦車に前途を許すな！』

『了解、前進阻止！』

　クリメンコーフは応答し、そして車両に向かう。それで、どうなったとお思いだろうか？　初弾でもって1,800mの距離から先頭の戦車を炎上させ、2番車はその陰から這い出そうとしたが――彼はこれを部分撃破し、3番車が這いこみ始めると――彼はこれも大破させ、それから4番車も……。ヒットラー野郎どもを停め、彼らはあたふたとして、ここに砲兵が丸々1個中隊いるかのように思い込んでいた。信じられないだろうか？　ルィバルコにお会いになって、事の次第をお訊ねになったら、彼は今お話したことを認めるだろう。このときすぐに戦場でクリメンコーフのつなぎ服に祖国戦争一等勲章が付けられた……」

　もうひとりの自走砲隊員で第387自走砲連隊の中で戦ったソ連邦英雄のV・グーシチンが、1945年1月20日に発生したドイツ戦車との戦いについて語る回想に耳を傾けてみよう――

「最初の都市、イノロスは特に強固に防御されていた。市内に突入

107：ベルリン市内のISU-122自走砲。1945年5月。奥には"ヴィリス"（ウィリス）、GAZ-AA、ZIS-5、"ドージ"（ダッジ）3/4などのソ連およびレンドリース車両と、その他いくつかの戦利車両が見える。(ASKM)

しようとする我々の試みは成功に繋がらなかった。我々は後退を余儀なくされた。連隊長は私の車両ともう1両の車両に対して、同市への侵入路に接近して市内に突入するよう命じた。この命令を受領して、我々に課された責任に対して大いなる喜びと誇りを感じた。

　任務の遂行に取り掛かる。このときは濃霧で、それゆえ視界が非常に悪かった。我々の大隊長と乗員たちは、どこに敵がいるのかをよく見極めるために、ハッチを開放せざるを得なかった。市に近づいていくと小さな村があった。我々がこの村の横に並んだとき、敵が突如として我々に対して射撃を始め、その結果先頭車の大隊長は殺害され、2番車は損傷を負った。これ以後、指揮は私が受け持った。この防御が整えられた村に対して数発の射撃を命じた。その後、敵がやられたことを確信してから、私は市内への突入を決断した。市に接近しつつ私が目にしたのは、左右からやってくるドイツ戦車である……。即座に決定を下す──掩体に引いて後、敵との戦闘に入れ。2番車も一緒に連れて行った。1番車を左側に、私がいた敵の方に向けて配置する。2番車は右側に配置。このような態勢で1時間もしないうちに、私は200mほど先の道路をドイツ戦車が進むのを目にした。この瞬間それらに対して砲火を開いた。初弾は戦車の正面に命中した。戦車は燃えない。これを100m通過させて、再び砲撃をする。2発目の砲弾で戦車は燃え出した。戦車からはドイツ兵たちが駆け出して、あちこちに逃げ始めた。時間を無駄にせず、砲火を他の戦車に移す。それらは次々と続いて走っていた。2両目の戦車も炎上し、それから3両目も。4番目の戦車は我々に気付き、砲撃をこちらに向け始めた。私はすぐさま命令を出す──『ガス全開、脇へ！』。そして私が立ち去るやいなや、私がいたその場所が

撃たれ始めた。この機に乗じてすぐに砲火を次の戦車に合わせ、これを全焼させる。このような具合に私は8両のドイツ戦車を撃破した……」

　1945年1月31日のランペルズドルフ村を巡る戦闘で、第4親衛戦車軍第10親衛ウラル義勇戦車軍団第1222自走砲連隊の中で戦っていた、SU-76自走砲照準手のニコライ・ルィバコフ曹長は、敵の戦車5両と装甲兵員輸送車1両を破壊した。その後の敵戦車8両を相手にした戦闘では、さらに3両のドイツ戦車を燃やすことに成功した。だが、このとき曹長もまた重傷を負った。彼を救うことはできず、1945年2月2日、野戦病院で息を引き取った。1945年4月10日、ソ連邦英雄の称号が死後追贈された。

　ソ連自走砲の砲撃がいかなるものかを、ドイツ軍の有名な戦車エース、オットー・カリウスは自ら体験している。ここに、彼が1944年4月20日にソ連軍の自走砲ISU-152と遭遇したときの回想を一部抜粋しよう——

「我々の戦車に当たった砲弾は司令塔の右半分を溶接の縫い目に沿って切り取った。私の頭が飛ばなかったのは、このとき煙草に火を点けるために屈んだからだった。ロシア軍の直接射撃から離れるために、我々は森に覆われた312高地に向かった。私は道路を北側から掩護すべく、やや右寄りを走った。私の後に続いていた2番目の戦車は、道路を南側から守っていた。突如としてロシア軍の突撃砲が現れ、私は照準手に砲撃開始を命じる。イワンども［ドイツ軍内でのソ連兵の代名詞的な呼び方］は、我々が彼らのほうに我が砲を

108：ピョートル・アファナーシェヴィチ・トライニン曹長のBT-7快速戦車はデニーシハ村で1941年12月13日にⅢ号戦車を1両撃破し、さらに2両に体当たりした。1943年10月17日、第150戦車旅団のP・トライニン曹長には1943年10月3～5日のキエフ州ストラホレーシエ村での戦闘についてソ連邦英雄の称号が授与された。（著者所蔵）

109：KV-1重戦車の乗員たちに戦闘任務を与える車長のA・A・トマシェーヴィチ少尉。実働軍展開地区、1942年夏。（RGAKFD）

向けたのに気付くや否や、自分の車両から飛び出していった。

　クラーメルは発射し、その瞬間ロシア軍の他の自走砲の砲弾が我々の戦車の砲塔基部に当たった。我が2番目の戦車もまた、312高地まで辿り着くことはできなかった。私は、どうやって奇跡的に車両から抜け出すことができたのか覚えていない。私は弾丸のように戦車から飛び出して、溝にどさっと落ち込んだに違いない。私の頭にはヘルメットマイクが載っており、──これが私のティーガーの記念として残ったもののすべてだ」

　ドイツ戦車に体当たりしたのはT-34やKVだけではなく、自走砲も行っていた。例えば、1945年1月5日に第959自走砲連隊所属のイワン・ズルィゴステフ上級軍曹が操縦するSU-76自走砲がドイツ軍のティーガー戦車を体当たりで損壊させた。1945年4月19日、イワン・イリイーチ・ズルィゴステフにはソ連邦英雄の称号が死後追贈された。

＊　　＊　　＊

　最後にもう2人の、ただし現代ロシア軍の戦車兵について触れておきたい。

　1994年12月31日、第一次チェチェン戦争でのグローズヌイ突撃の際、第133親衛独立戦車大隊参謀長のセルゲイ・クルノセンコ大尉はキセーリ上級中尉の率いる戦車中隊の先鋒隊の中にいて、戦闘中にT-80BVに乗って20名のチェチェン独立派武装者を殲滅、分離主義者たちが持っていたT-72戦車3両を部分撃破した。S・クルノセンコ大尉は負傷した後も戦闘を離脱せず、反撃してくる武装者たちに対して弾薬が完全に尽きるまで射撃を続けた。すでに年が明けた1995年1月1日、重傷を負ったクルノセンコは激痛のショックと失血が元で戦友たちの腕に抱えられたまま死亡した。S・P・クルノセンコは死後、少佐の階級に昇進し、1995年5月27日にはロシア英雄の称号が贈られた。

　第二次チェチェン戦争のときには、車体番号153のT-72戦車で照準手を務めていた兵のエヴゲーニー・カプースチンが、ダゲスタンとチェチェンでの戦闘で初弾から武装者たちの防御施設やスナイパーやロケットランチャー兵の陣地を潰していった。グローズヌイ攻防戦のさなかにカプースチンは重傷を負った。彼は一度ならずロシア英雄の候補者に推挙されたが、授与されるには至っていない。駐チェチェン統合連邦軍第一副司令官のゲンナージー・トローシェフ将軍の働きかけがあってようやく、正義が勝利した──エヴゲーニー・カプースチンに最高の称号、ロシア英雄が与えられたのである。

　本書の発行にご支援を賜ったセルゲイ・ネトレベンコ、セルゲイ・ルーニンの両氏に謝意を表したい。

[著者]
マクシム・コロミーエツ
1968年モスクワ市生まれ。1994年にバウマン記念モスクワ高等技術学校(現バウマン記念国立モスクワ工科大学)を卒業後、ロシア中央軍事博物館に研究員として在籍。1997年からはロシアの人気戦車専門誌『タンコマーステル』の編集員も務め、装甲兵器の発達、実戦記録に関する記事の執筆も担当。2000年には自ら出版社「ストラテーギヤKM」を起こし、第二次大戦時の独ソ装甲兵器を中心テーマとする『フロントヴァヤ・イリュストラーツィヤ』誌を定期刊行中。最近まで内外に閉ざされていたソ連側資料を駆使して、独ソ戦の実像に迫ろうとしている。著書、『バラトン湖の戦い』は小社から邦訳出版され、『アーマーモデリング』誌にも記事を寄稿、その他著書、記事多数。

[翻訳]
小松徳仁(こまつのりひと)
1966年福岡県生まれ。1991年九州大学法学部卒業後、製紙メーカーに勤務。学生時代から興味のあったロシアへの留学を志し、1994年に渡露。2000年にロシア科学アカデミー社会学・政治学研究所付属大学院を中退後、フリーランスのロシア語通訳・翻訳者として現在に至る。訳書には『バラトン湖の戦い』、『モスクワ上空の戦い』(いずれも小社刊)などがある。また、マスコミ報道やテレビ番組制作関連の通訳・翻訳にも多く携わっている。

独ソ戦車戦シリーズ 12

東部戦線の独ソ戦車戦エース 1941-1945年
WW2戦車最先進国のプロパガンダと真実

発行日	2009年4月4日 初版第1刷
著者	マクシム・コロミーエツ
翻訳	小松徳仁
発行者	小川光二
発行所	株式会社大日本絵画 〒101-0054 東京都千代田区神田錦町1丁目7番地 tel. 03-3294-7861 (代表)　http://www.kaiga.co.jp
企画・編集	株式会社アートボックス tel. 03-6820-7000　fax. 03-5281-6453 http://www.modelkasten.com
装丁	八木八重子
DTP	小野寺徹
印刷・製本	大日本印刷株式会社

ISBN978-4-499-22987-6 C0076

ФРОНТОВАЯ
ИЛЛЮСТРАЦИЯ
FRONTLINE ILLUSTRATION

ТАНКОВЫЕ
АСЫ СССР
И ГЕРМАНИИ
1941-1945 гг.

by Максим КОЛОМИЕЦ

©Стратегия КМ 2006

Japanese edition published in 2009
Translated by Norihito KOMATSU
Publisher DAINIPPON KAIGA Co.,Ltd.
Kanda Nishikicho 1-7,Chiyoda-ku,Tokyo
101-0054 Japan
©2009 DAINIPPON KAIGA Co.,Ltd.
Norihito KOMATSU
Printed in Japan